KB092990

투어링 쉼터에 라이더들의 소확행!!

모터사이클 STORY

머리말

모터사이클을 사랑하는 바이커들에게…!

초등학교 5학년 때였다. 자전거보다 타기 쉽다는 사촌 형의 말에 작은 오토바이를 직접 한번 운전해보겠다고 나섰다. 핸들 그립을 많이 감을수록 더 빨리 간다는 사실도 모른 체, 힘껏 스로틀을 열었고 무섭게 돌진하는 나머지 결국 갈피를 못잡고 논두렁에 처박히고 말았다. 콧속에서는 하루 종일 흙탕물이 흘러내리고…ㅠㅠ

그렇게 오토바이는 두려운 존재로 만나게 되었다. 중학교 때 가와사키의 닌자(ZZR-1100)를 동경하던 친구를 만나게 되었고 다시 그 세계로 빠져들게 되었다. 그리고 그때 즈음에 나뿐만 아니라 아버지도 젊은 시절 오토바이를 즐겨 탔다는 사실을 알게 되었다. 어쩌면 열혈 라이더가 되는 것은 운명이었을지도 모르겠다.

바람을 온몸으로 맞으며 좌우로 기우뚱거리며 달리는 것도 재밌지만 태생이 '공돌이'라 잠재적으로 모터사이클의 메커니즘이나 개발의 히스토리에도 관심이 있어 왔던 것은 부인할 수 없다.

그 동안 틈틈이 국내외 모터사이클 관련 서적들을 뒤적거리며 모아 두었던 자료들을 한권의 책으로 출판하게 되었다는 점에 흥분이 앞선다.

초기의 모터사이클은 이름 그대로 자전거에 소형엔진을 부착한 모습이었지만 보다 빠르게 달리고 싶었던 엔지니어와 레이서들의 열정으로 오늘날 무려

300km/h 이상의 속도를 낼 수 있는 수준까지 도달했으니 그저 경외스럽기까지 하다.

그러한 과정 속에서 각 제조사들은 앞다투어 새로운 기술들을 적용하며 상징적인 모델들을 시장에 내어 놓은 것이 오늘에 이른 것이다.

본 책에서 다룬 것은 그 중 나름의 가치를 부여하며 선정한 모델들의 이야기들을 국내 최초로 집대성한 것이다. 최대한 여러 자료를 비교하거나 분석하여 가장 사실적인 내용으로 접근하는데 노력을 다 했지만 혹여 오류된 부분이 있다면 이해와 함께 아낌없는 조언을 기다린다.

여가활동 시간이 늘어남에 따라 모터사이클이 레저용으로 탈바꿈하는 모습은 선진국으로 가는 길목이라 가슴 한 편으로 뿌듯함이 스며드는 것은 왜일까.

이 책으로 모터사이클의 발전사와 기술들에 대해 좀더 알게 되었다면 필자는 그저 고마울 따름이다.

끝으로 점점 어려워지는 출판환경 속에서도 졸고를 마다 않고 국내 유일한 '탈것전문출판사' ㈜골든벨에서 흔쾌히 발행해 주심에 대표이사를 비롯한 남동우 편집 담당자께 진심으로 감사함을 전한다.

2021.8

안경윤

contents

1960년 ~1970년

1970년 ~1980년

1980년 ~1990년

1990년 ~2000년

2000년
이후

나는 순정파!

필자는 순정 상태의 모터사이클을 선호한다. 윈드 실드나 캐리어 등 편의 장비를 추가적으로 부착하는 일은 있지만 멀쩡한 순정품을 떼어내고 사외품으로 교체하는 일은 웬만해서는 하지 않는다.

그 첫 번째 이유로는 조화로움 때문이다. 순정 파츠는 그 모터사이클의 디자인과 잘 어울리도록 만들어졌다. 가장 인기 있는 튜닝 품목인 배기관(머플러)의 경우 순정 배기관이 비록 소리는 밋밋할지라도 대부분 디자인적으로는 해당 모터사이클에 더 어울리는 모습을 하고 있다. 다른 화려한 컬러의 드레스업 튜닝 파츠의 경우에도 마찬가지다.

두 번째 이유는 품질 때문이다. 순정 파츠들은 모터사이클 제조사의 체계적인 품질관리를 거쳐 제작되지만 튜닝부품은 상대적으로 소규모 업체에서 만들어지다 보니 그러지 못하는 경우가 많다. 물론 일부 머플러나 서스펜션 회사는 완성 모터사이클 제조사 못지않은 규모를 가진 곳도 있기도 하다.

마지막 세 번째 이유는 말하기 부끄럽지만 소장 가치를 위해서이다. 자동차나 모터사이클은 시간이 흐를수록 감가가 되기 마련이다. 하지만 일정 기간이 지나다보면 그 희소성으로 인해 오히려 가격이 점점 올라가게 된다. 그때의 가치판단 기준은 바로 순정(원판)을 얼마나 잘 유지하고 있는지의 여부다.

매번 바이크를 살 때마다 순정 상태로 아주 오랫동안 소장하여 높은 값어치를 만들겠다는 다짐을 하지만 얼마 가지 못해 그 무서운 *기변병에 걸려 그 다짐은 물거품이 되고 만다. 어쨌거나 필자에게는 모터사이클 그 본 모습이 아름답다. 튜닝의 끝은 순정이다.

*기변병: 모터사이클 라이더들 사이에 쓰는 은어로 '기종 변경을 너무 하고 싶은 병'의 줄임 말이다.

Indian

1930년 이전

자전거에 엔진을 부착시킨 형태의 모터사이클이 등장하였다. 단기통으로 시작하여 곧 다기통엔진 모터사이클도 등장하였다. 오일공급, 점화타이밍 조정 등을 별도로 해주어야 해서 운전 방법이 번거로웠으며 잦은 정비도 필요하였다. 안 좋은 도로 상황 속에서 부실한 서스펜션 때문에 승차감이 좋지 못하였다. 하지만 모터사이클 레이싱의 인기는 제작기술을 빠르게 발전시켰다.

Daimler Reitwagen 1885

Daimler Reitwagen
사진출처: Flicker, CC BY

스펙 SPECIFICATION

엔진 | 4행정 단기통 공냉식
배기량 | 264cc
출력 | 0.5마력@700rpm
최고속도 | 11km/h

☞당시 17세이던 다임러의 아들 폴은 아버지의 발명품인 라이트바겐을 첫 시운전하게 되어 역사상 최초의 모터사이클 라이더가 되었다.

갓(God) 다임러!

1864년, 독일의 엔지니어 니클라우스 오토(Nikolaus August Otto, 1832~1891)는 세계 최초로 가스연료를 사용하는 4행정 엔진을 개발하였다. 하지만 오토는 대형 동력원 그 자체를 개발하기만 하였을 뿐이고, 그와 함께 일하던 고트리버 다임러(Gottlieb Wihelm Daimler, 1834~1900)가 동력원을 소형화, 실용화하였다.

오토의 회사에서 일하던 다임러와 마이바흐(Maybach)는 오토와의 의견 충돌(오토는 가스연료를 선호했지만, 다임러와 마이바흐는 액체연료를 사용하고 싶어 했다.)로 회사를 나와 1882년부터 별도로 소형화된 가솔린용 엔진을 연구하였다.

곧 액체연료를 기체화시킬 수 있는 기화기(캬브)를 개발하였고, 1885년 마침내 가솔린엔진이 장착된 최초의 모터사이클, 라이트바겐(Reit wagen, 독일어로 Riding Car라는 의미)를 완성하였다. 1마력도 안 되는 264cc의 엔진은 600~700rpm으로 회전하며 11km/h의 속도를 낼 수 있었다.

FN Four 1905

1889년 벨기에 남부지역에 설립된 총기회사 FN(Fabrique Nationale d'Armes de Guerre)이 만든 FN Four는 대량생산된 최초의 4기통엔진 모터사이클이었다. 트라이엄프(Triumph), 벨로체(Velocette) 등과 같은 초기의 모터사이클 회사들의 엔진을 만들었던 폴 켈러컴(Paul Kelecom)이 설계하였는데 오늘날의 일반적인 4기통 엔진 배치와는 다르게 엔진이 차체의 종방

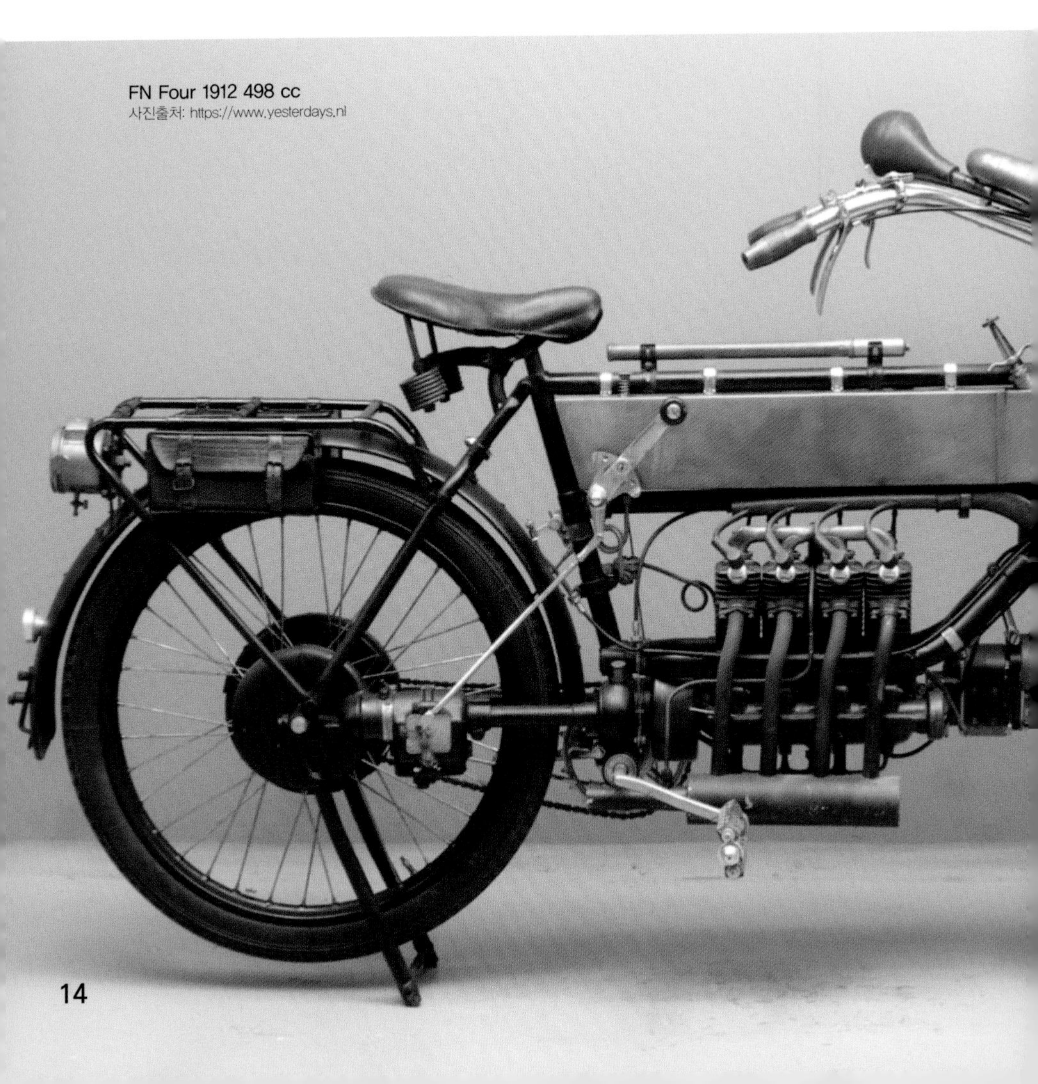

FN Four 1912 498 cc
사진출처: https://www.yesterdays.nl

향으로 배치되어 있었고 배치 형태에 맞게 구동 방식은 샤프트 드라이브였다.

초기모델은 기어가 1단 밖에 없었고 자전거처럼 페달을 굴려 시동을 거는 방식이었다. 엔진 내부의 오일 공급도 오늘날처럼 자동적으로 되는 방식이 아니라 외부에 수동펌프가 있어 라이더가 수시로 조작해줘야 했다. 400cc 4기통임에도 불구하고 출력은 겨우 5마력으로 오늘날의 모터사이클에 비하면 아주 낮았지만 단기통 모델 위주이던 당시에 처음 등장한 부드러운 4기통 모터사이클은 혁신적이었으며, 이후 다른 회사들도 FN Four를 벤치마킹하여 비슷한 형태의 4기통 엔진 모터사이클을 제작하기 시작하였다.

▲ FN Four 엔진, 4행정이지만 흡기밸브는 로커암이나 캠에 의해서 움직이는 것이 아니라 피스톤 하강 시 생기는 부압에 의해 자동으로 열리는 방식이었다. 엔진 배치 구조상 맨 뒤쪽 실린더는 주행풍이 닿지 않아 냉각이 잘되지 않는 문제가 있었다.
사진 출처: https://www.yesterdays.nl

스펙 SPECIFICATION

엔진 | 4행정 종배치 직렬4기통, 공냉식
배기량 | 362cc
출력 | 5 hp
변속기 | 1단
건조중량 | ?
최고속도 | 60km/h
생산기간 | 1905~1923

Harley-Davidson 1917 989 cc V-twin
사진출처: https://www.yesterdays.nl

Harley-Davidson V Twin 1913

스펙 SPECIFICATION

엔진 | 4행정 V트윈, 공냉식
배기량 | 989cc
출력 | ?
변속기 | 2단 핸드
건조중량 | ?
최고속도 | 100km/h

1895년 미국 밀워키, 기계 발명가 에드워드 페닝톤(Edward. J. Pennington)은 자신의 발명품인 엔진이 달린 자전거를 공개하였다. 페닝톤의 발명품이 실제로 움직이지는 않았지만, 현실적인 디자인은 많은 사람에게 모터사이클에 대한 영감을 주었고, 자전거공장에서 일하던 윌리엄 할리(William S. Harley)와 아서 데이비슨(Arthur Davidson)도 영감을 받았다.

1901년, 모터사이클 제조사업을 하기로 마음먹은 윌리엄과 아서는 2년 뒤 아서의 집 창고에서 마침내 그들의 첫 시제품인 단기통 모터사이클을 완성한다. 하지만 당시 미국에는 모터사이클 제조사들이 우후죽순처럼 생겨나고 있었고 그들의 모델은 타 제조사들과 별 차이점이 없었다. 하지만 1907년 그들은 전환점을 맞이하게 되는데, 바로 오늘날 할리데이비슨의 상징이 되는 엇박자 중 저음의 V형 2기통 엔진 모델을 개발한 것이다.

실린더가 하나 더 추가된 덕에 출력은 기존 단기통 모델의 2배였으며 최고속도는 100km/h에 달했다. 아서의 형인 월터(Walter Davidson)가 내구레이스에 참가하여 만점을 받으며 우승한 소식이 알려지자 많은 주문이 몰려들었다. 1912년부터는 배기량이810cc에서 1,000cc로 커졌고 사이드카를 달아도 될 정도로 충분한 토크와 내구성을 갖추게 되었다. 그 이후 할리데이비슨은 미 대륙을 달리기에 가장 적합한 모터사이클이 되었다.

▲ 흡기밸브는 외부의 얇은 푸쉬로드(Pushrod)와 로커암(Rocker arm)에 의해 작동되는 오버헤드 밸브 방식인 반면 배기밸브는 내부에 감추어진 푸쉬로드(Pushrod)에 의해 작동되는 사이드밸브 방식으로 되어있다.
사진출처: https://www.yesterdays.nl

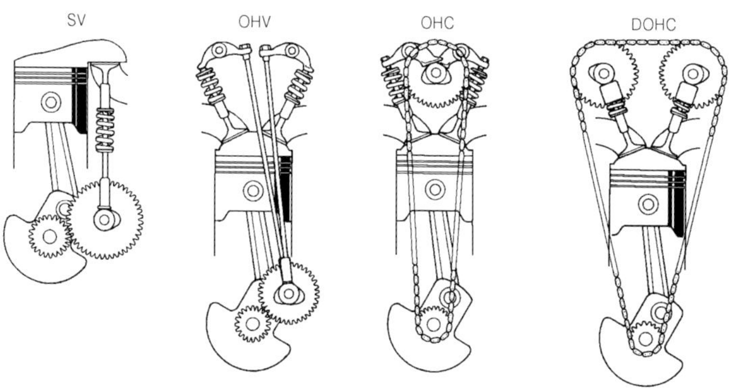

▲ 맨 왼쪽 그림의 사이드밸브 방식은 복잡한 연소실형상과 긴 밸브가 필요하다는 단점 때문에 오늘날에는 쓰이지 않는 형태이지만 초기의 모터사이클에서는 나름의 장점이 있었다. 소재기술이 발달하지 못한 당시에는 고온에 노출된 배기밸브가 부러져버리는 일이 잦았고 이때 실린더 측면에 위치한 밸브는 부러져도 피스톤으로 떨어지지는 않아 큰 손상이 생기지 않았던 것이다.

'모터사이클(Motorcycle)' 이란 단어를 처음 사용한 사람은 인디애나 출신의 기계발명가 '에드워드 페닝톤(Edward. J. Pennington, 1858~1911)'이다. 1893년 페닝톤은 자신이 세운 회사이름을 '모터 사이클' 이라고 지었고 이후 자신의 발명품에도 같은 이름을 사용하였다. 하지만 1895년에 그가 공개한 '모터사이클' 시제품은 실제로 움직이지는 못했으며 그 이후에도 자신의 자동차에 대한 특허를 사업화한다고 사람들로 투자를 받았지만 성과를 내지 못했다. 그로 인해 사기꾼으로 몰리기도 하였다. 하지만 페닝톤의 엔진과 모터사이클에 관한 특허들로 인해 헨리 포드, 윌리엄 할리 등이 영감을 받아 사업을 시작할 수 있었다는 점에서 그의 발자취는 의미가 있었다.

Moto Guzzi Normale 500 1921

1차 세계대전 중 이탈리아 공군에서 만난 3명의 청년, 엔지니어였던 카를로 구찌(Carlo Guzzi), 부유한 선주 집안의 아들 조르지오 파로디(Giorgio Parodi), 그리고 모터사이클 레이서였던 지오반니 라벨리(Giovanni Ravelli)는 전쟁이 끝나자 의기투합하여 모터사이클 회사를 차렸다. 자동차 및 항공기 엔진 제조사인 이소타 프라스키니(Isotta fraschini)에서 일한 경험이 있던 구찌가 설계를 담당하고, 파로디는 필요한 자금을 조달하였으며, 라벨리는 완성된 모터사이클 테스트를 담당하였다.

구찌가 만들어낸 첫 번째 모델인 GP(Guzzi–Parodi)는 당시 모터사이클과는 디자인이 차별화되었다. 엔진을 수평으로 설치하여 냉각성이 좋았고 무게중심이 낮았다. 기어 구동 방식의 오버헤드 캠샤프트(SOHC)가 4개의 밸브를 작동시켰고, 당시 대부분의 모터사이클이 수동으로 오일공급을 해야 했던 것과 달리, 캠샤프트는 연결된 펌프가 오일을 자동으로 공급했다. 좌측에는 큰 플라이휠을 달아 진동을 감소시킴과 동시에 저회전시 엔진이 꺼지는 것을 방지하였

다. 1:4 정도의 낮은 압축비를 가졌음에도 불구하고 80km/h이상의 속도를 낼 수 있었다.

상품성을 확신한 파로디의 부친이 투자하여 모토구찌의 역사가 시작되었다. 양산되면서 GP라는 이름 대신 이탈리아어로 평범이라는 뜻의 'Normale 500'으로 이름을 바꾸었고, 원가절감 문제로 인해 시제품과 달리 밸브는 2개로 줄였으며, 베벨기어 샤프트 구동 방식 대신 푸쉬로드 방식으로 바뀌었다.

스펙 SPECIFICATION

엔진 | 4행정 단기통, 공냉식
배기량 | 498cc
출력 | 8마력@3,200rpm
기어 | 3단 핸드
건조중량 | ?
최고속도 | 85km/h
생산기간 | 1921~1924

모터사이클 테스트를 담당했던 지오반니(Giovanni Ravelli)는 사업이 채 시작되기도 전에 불의의 비행기사고로 세상을 떠났다. 현재 모토구찌의 엠블럼인 날개를 펼친 독수리그림은 라벨리의 죽음을 기리기 위한 것이라고 한다.

BMW R32 1923

BMW R32
사진출처: Wikimedia Commons, CC BY-SA

스펙 SPECIFICATION

엔진 | 4행정 수평대향 2기통 (박서엔진), 공냉식
배기량 | 494cc
출력 | 8.5마력@3,200rpm
기어 | 3단 핸드기어
건조중량 | 122kg
최고속도 | 95km/h
생산기간 | 1923~1926

할리데이비슨의 상징이 45도의 대형 V-Twin 엔진이라면 BMW의 상징은 실린더가 좌우로 튀어나온 플랫 트윈(Flat twin) 엔진이다. 마치 권투선수가 주먹을 치는 모습과 같다고 하여 박서 엔진(Boxer engine)이라고도 불린다. R32는 BMW가 제조한 최초의 박서엔진 모델이다.

1차 세계대전 종식 후 베르사유 조약(Treaty of Versailles)에 의해 항공기 엔진 제조를 금지당한 BMW는 모터사이클용 엔진 제작으로 사업을 전환했다. BMW의 박서 엔진을 사용한 Victoria KR1, BFw Helios 같은 모터사이클들이 출시되지만, 이들은 실린더가 모터사이클 차체 앞뒤로 배치된 형태여서 뒤쪽 실린더가 냉각이 잘되지 않는 문제가 있었다.

◀ 실린더가 앞뒤로 배치된 Helios 1922
사진출처: Wikimedia Commons, CC BY-SA

1922년 BMW는 BFw를 인수한 뒤 BMW 고유의 모델을 제작했는데, 엔지니어 막스 프리즈(Max Friz)는 KR1과 Helios가 가지고 있던 냉각 문제를 개선하기 위해 엔진을 90도 돌려 실린더가 바이크 좌우로 배치되도록 하였고, 그것에 맞게 엔진의 구동축은 체인 구동 대신 샤프트 구동 방식을 적용했다.

이렇게 하여 마침내 오늘날 BMW 모터사이클의 상징인 '박서엔진+샤프트 구동' 방식을 채택한 최초의 모델 R32가 탄생하였다. 냉각성능이 좋아짐에 따라 내구성이 향상되었으며 90도 틀어진 엔진 배치 덕에 앞뒤 길이가 짧아져 좀 더 컴팩트한 차체 디자인이 가능했다. 항공기 엔진 제작 기술이 축적된 R32는 경쟁사들의 모델보다 더 정밀하게 제작되었고 고급 소재가 사용되었다.

요즘 바이크가 속도를 내기 위해 단지 핸들의 스로틀 그립을 비틀기만 하면 되는 것과 달리 당시의 R32의 운전방법은 좀 번거로웠다. 오른쪽 핸들에 공기량과 연료량을 조절하는 레버가 각각 별도로 있었고 왼쪽핸들에는 점화시기를 조절하는 레버가 있어서 속도 조절을 위해선 무려 이 3가지의 레버를 별도로 조작해야 했다.
영국의 ABC사는 BMW보다 몇 년 앞서 박서엔진 모터사이클을 만들었다. 하지만 구동방식이 BMW와 달리 체인드라이브 방식이었다.

Indian Big Chief
1923

할리 데이비슨과 함께 아메리칸 모터사이클을 대표하는 인디언은 할리 데이비슨 보다는 조금 덜 알려졌지만 역사가 더 깊다.

1901년, 자전거 공장을 하던 조지 헨디(George M. Hendee)는 엔지니어 오스카 헤드스트롬(Oscar Hedstrom)과 함께 모터사이클을 제작하기 시작하였다. 1907년 첫 V 트윈 엔진 모델을 개발한 뒤 각종 내구레이스 및 TT 경주(Isle of Man TT, 1911)에 참가하여 우승을 휩쓰는 등 세계 선두 모터사이클 기업 중의 하나로 성장하게 된다.

1920년과 1922년에는 훌륭한 레이서 이자 엔지니어인 찰스 프랭클린(Charles B. Franklin이 만들어 오늘날까지도 인디언을 대표하는 모델이 되는 스카우트(Scout, 500cc~)와 치프(Chief, 1,000cc)가 세상에 등장했다.

빅 치프(Big chief)는 치프(Chief) 출시 이후 경쟁 할리데이비슨의 1,000cc 모델보다 센 파워를 원하는 고객들의 요청에 따라 배기량을 키워 출시된 모델이다. 사이드카 장착을 고려하여 개발되었지만 강력한 파워로 인해 솔로 라이더들에게도 인기였으며 경찰용으로도 많이 공급되었다.

스펙 SPECIFICATION

엔진 | 4행정 42도 V트윈, 공냉식
배기량 | 1213cc
출력 | 34마력@3,000rpm
기어 | 3단 핸드쉬프트
건조중량 | 193kg
최고속도 | 145km/h

▶ 사이드카가 장착된 Big Chief
사진출처: Wikimedia Commons, CC BY-SA

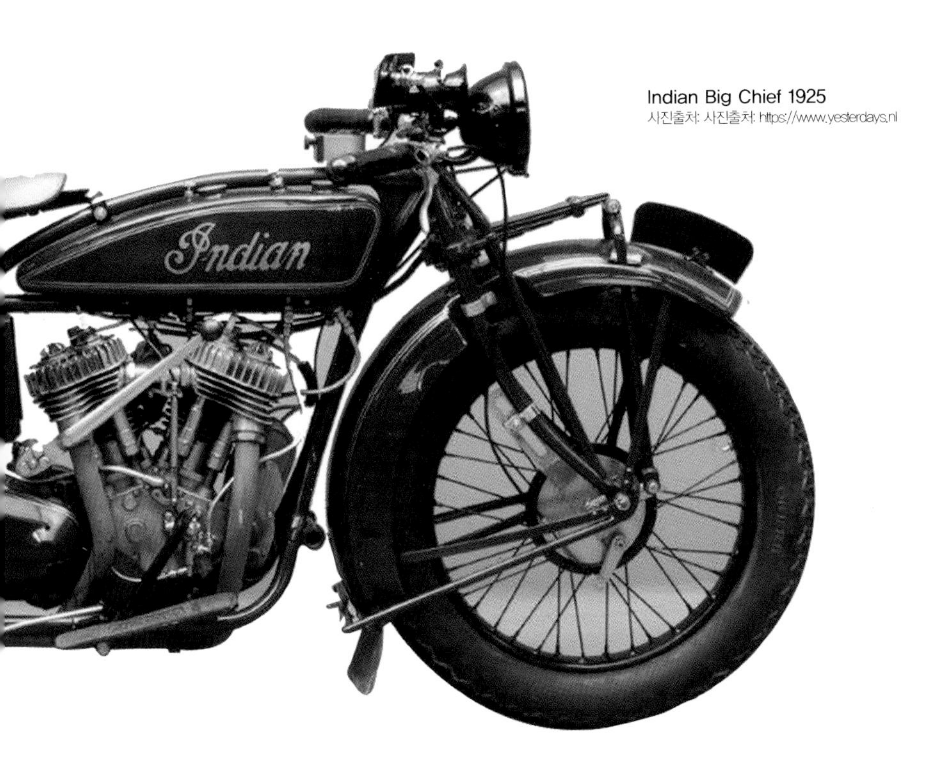

Indian Big Chief 1925
사진출처: 사진출처: https://www.yesterdays.nl

인디언은 1914년 출시한 V트윈모델 '헨디 스페셜(Hendee Special)'에 세계 최초로 전기 시동장치와 등화장치를 부착시켰다. 하지만 당시에는 배터리 기술이 발달하지 못해 방전되어버리는 등 고장이 잦았고 얼마 못 가 다시 수동시동방식으로 설계변경이 되었다. 아쉽게도 그 이후 약 40년간은 전기시동방식을 갖춘 모터사이클은 나타나지 않았다.

Brough Superior SS100 1925

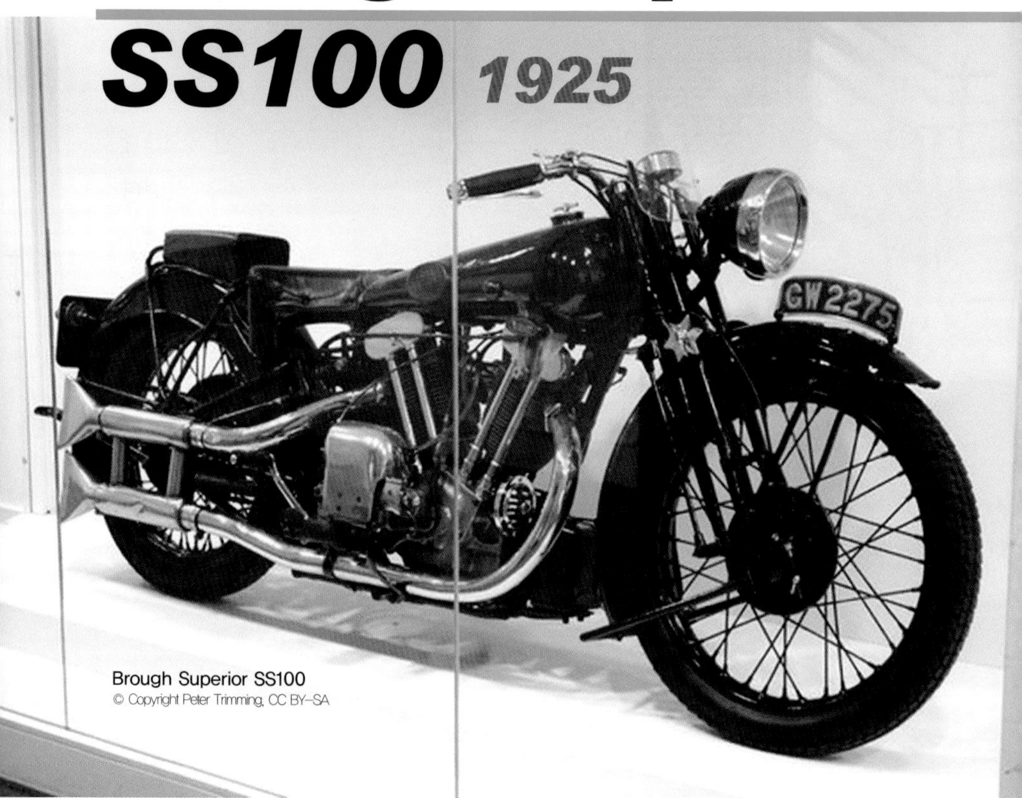

Brough Superior SS100

스펙 SPECIFICATION

엔진 | 4행정 OHV V트윈, 공냉식
배기량 | 998cc
출력 | 45마력
기어 | 3단 핸드쉬프트
건조중량 | ?kg
최고속도 | 164km/h
생산기간 | 1925~1940

2바퀴를 가진 롤스로이스(Rolls-Royce)!

1919년 영국 노팅엄(Nottingham), 레이서이자 엔지니어인 조지 브로우(George Brough)는 아버지가 운영하던 모터사이클 회사인 브로우(Brough)를 그만두고 브로우 슈페리어(Brough Sperior)라는 자신의 회사를 차렸다.

조지는 새 모델을 브로우의 평범한 모델들과는 차별화하고 싶었고 슈페리어라는 회사명처럼 최고의 부품들을 사용하여 고급스러운 외관과 고성능을 갖춘 모터사이클을 제작했다. 당시 인정받던 JAP(J. A. Prestwich) 엔진을 사용하였으며 프론트 포크는 할리데이비슨의 것을 모방하여 만들기도 하였다.

1922년 80마일의 속도를 낼 수 있는 SS80 모델에 이어 출시된 SS100은 당시로는 빠른 수준인 시속 100마일(160km) 이상의 속도를 낼 수 있었다. 1928년에는 210km/h로 달려 최고 속도를 기록했다. 슈페리어 제품은 조지의 깐깐한 품질관리로 인해 생산량이 적어 가격이 비쌌지만, 스피드를 즐기는 상류층에게는 인기가 있었다. 각 고객은 자신의 차량에 핸들 바 모양 등의 요구사항을 반영시킬 수도 있었다. SS100은 2차대전이 시작되면서 비행기 엔진 제작으로 인하여 생산이 중단되었고, 종전 후에도 마땅한 엔진 공급처를 찾지 못해 더 이상 만들어지지 못했다.

▲ SS100 탄생 90주년을 기념하기 위해 2015년 재 출시된 SS100

사진출처: Wikimedia Commons, CC BY

아라비아의 로렌스(Lawrence of Arabia)로 알려진 영국 고고학자이자 군인인 토머스 에드워드 로렌스(T. E. Lawrence, 1888~1935)는 SS100을 어러대 소유하였다. 로렌스는 1935년 군 제대 후 SS100을 타고 가다 사고로 사망했는데, 그 사고를 계기로 당시 로렌스의 담당 의사가 모터사이클 사고 시 머리부상에 대하여 연구하였고 곧 헬멧 착용 의무가 생겨났다.

KYA 661
WSL 927

1

1930~1960년

제1, 2차 세계대전은 많은 인명을 앗아간 인류역사의 비극이었지만 모터사이클 산업에 있어서는 기회였다. 종전 후 파괴된 교통인프라를 대체하기 위해 모터사이클 수요가 증가하였고, 항공기를 제작하던 유럽의 일부 방산업체들이 모터사이클 제작사로 탈바꿈하면서 수준 높은 공학기술이 모터사이클 설계에 적용될 수 있었다. 혼다를 시작으로 일본 4대 업체에서도 모터사이클 사업을 시작하였다.

Ariel Square Four
1930

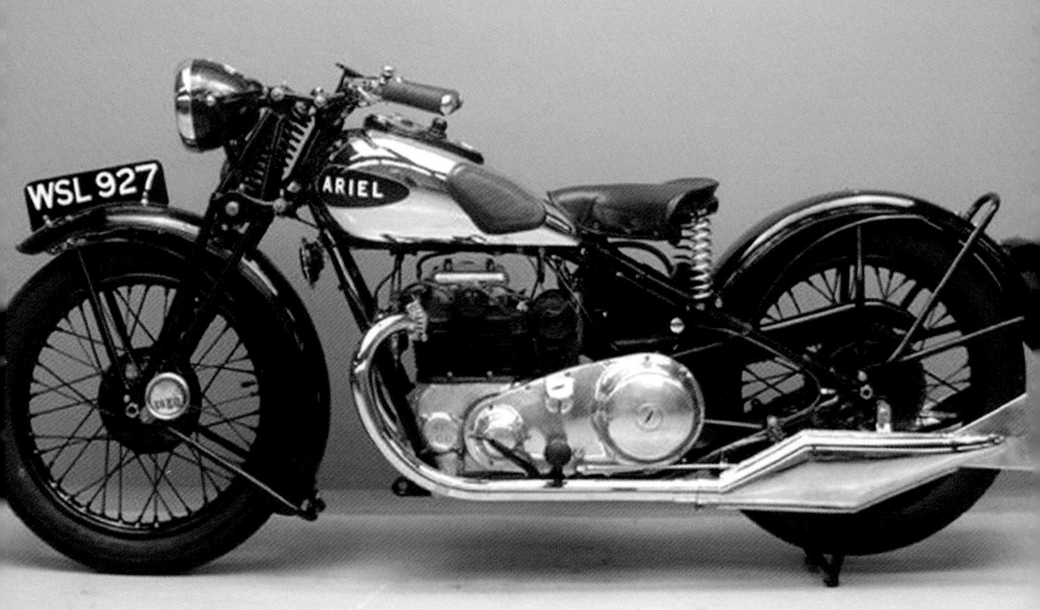

Ariel 1932 Square Four 4 cyl 600 cc
사진출처: Wikimedia Commons, CC BY-SA〉

스펙 SPECIFICATION

엔진 | 4행정 정방형 4기통, 공냉식
배기량 | 497cc
출력 | 24마력@6,000rpm
기어 | 4단 핸드쉬프트
건조중량 | 193kg
최고속도 | 137km/h
생산기간 | 1930~1959

잭(Jack Sanster)의 판단은 옳았다. 그가 얼마 전 고용한 젊은 엔지니어는 향후 영국뿐만 아니라 세계 모터사이클 시장을 이끌어갈 유능한 엔지니어였다.

얼핏 대형 단기통 엔진으로 보이는 이 정방형(square) 4기통 엔진 모터사이클은 영국의 천재적인 모터사이클 엔지니어인 에드워드 터너(Edward Turner)의 초기 작품이다. 1928년, 독학으로 엔진설계를 익힌 에드워드는 이 특이한 컨셉의 엔진을 고안한 뒤 당시 영국의 대표적인 바이크 제조사이던 BSA와 에리얼(Ariel)에게 바이크 개발을 제안했다. BSA는 이를 거절하였으나 에리얼의 잭 생스터(Jack Sanster)는 이 젊은 엔지니어의 잠재력을 알아보았다.

터너의 4기통 정방 엔진은 에리얼의 기존 250cc 단기통 엔진용 프레임에도 장착할 수 있을 정도로 컴팩트 하였다. 그렇게 하여 만들어진 스퀘어포(Square Four)는 1930년 올림피아 모터사이클 쇼에서 500cc OHC 엔진형태로 처음 대중에게 소개되었다(터너의 초기 시제품 대비 성능이 떨어졌는데 당시 발생한 세계 대공황으로 인해 경제성 문제로 설계변경이 된 탓이다).

출시 당시 고급스러운 마감 등의 이유 때문에 다소 높은 가격으로 판매되었지만, 금전적으로 여유가 있는 라이더들에게 인기가 많았다. 1932년 600cc, 1937년 1,000cc로 배기량이 커졌고 약 30년 가까이 인기리에 판매되었다.

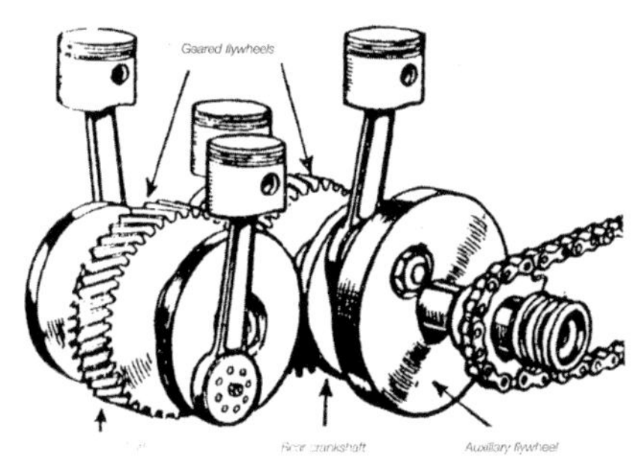

◀ 스퀘어포(Squre four)의 크랭크샤프트 구조
사진출처: EDWARD TURNER the man behind the motorcycles, Jeff Clew, Veloce Publishing, 2017

▶ 애리얼에 갓 입사한 에드워드 터너의 모습
사진출처: EDWARD TURNER the man behind the motorcycles, Jeff Clew, Veloce Publishing, 2017

Triumph Speed Twin
사진출처: Wikimedia Commons, CC BY

Triumph Speed Twin 500 1937

1929년에 발생한 세계 대공황으로 많은 기업이 어려움에 부딪혀 있었고 트라이엄프(Triumph)도 예외는 아니었다. 1936년 트라이엄프는 애리얼(Ariel)의 소유주이던 잭 생스터(Jack sangster)가 인수한 후 사업의 터닝포인트를 맞이하는데, 그것은 바로 애리얼에서 명품 바이크 스퀘어 포(Square Four)를 만들었던 유능한 엔지니어 에드워드 터너(Edward Turner)가 트라이엄프의 설계 책임자로 온 것이다.

당시 영국제 단기통 엔진 모델들은 배기량이 증가함에 따라 발생하는 과도한 진동 문제에 직면해 있었다. 큰 진동은 라이더를 불편하게 함은 물론 엔진의 내구성에도 악영향을 끼쳤다. 터너는 단기통 엔진의 배기량을 360도의 일정한 간격으로 폭발하는 두 개의 실린더로 쪼개어 이 문제를 해결했다.

터너가 디자인한 트라이엄프 첫 직렬 2기통 모델인 스피드 트윈(Speed Twin)은 동일 배기량의 단기통 엔진 모델 대비 적은 진동과 우수한 출력으로 최고의 인기 모델이 되었다. 스피드 트윈은 2기통 모델의 교과서적인 존재가 되었으며 경쟁사들은 앞다투어 스피드 트윈을 벤치마킹하여 2기통 엔진 모델들을 만들기 시작하였다.

스펙 SPECIFICATION

엔진 | 4행정 직렬 2기통, 공냉식
배기량 | 498cc
출력 | 27마력@6,300rpm
변속기 | 4단 페달
건조중량 | 155kg
최고속도 | 151km/h
생산기간 | 1938–1940, 1947–1966

◀ 1939년에 출시된 스피드트윈의 스포츠버전 타이거(Tiger) 100
사진출처: Wikimedia Commons, CC BY〉

영국 여행작가 테드 사이먼(Ted Simon)은 자신의 트라이엄프 타이거(Tiger) 100 모터사이클을 타고 1973년부터 약 4년간 45개국을 도는 세계여행을 하였다. 그 후 자신의 여행기를 'Jupiter's Travel'이라는 책으로 남겼다.

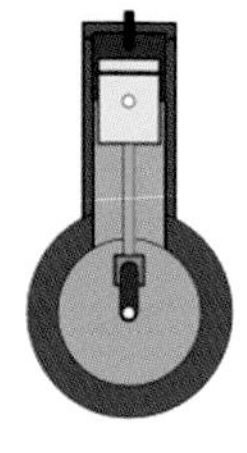

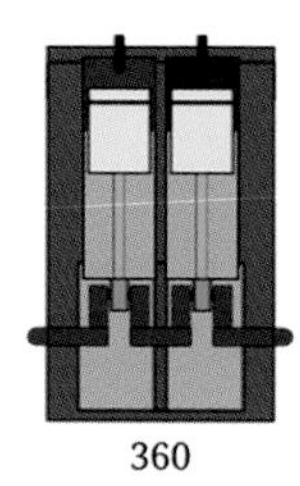

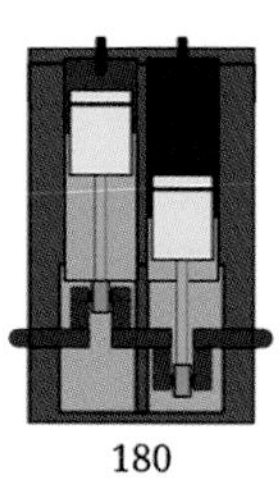

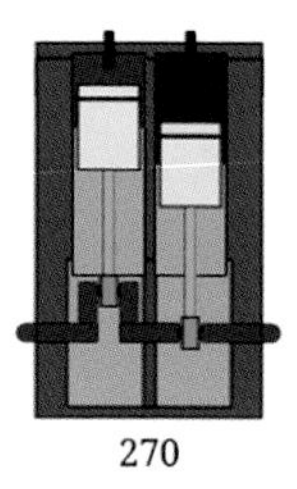

▲ 크랭크 형상과 엔진특성

4행정 엔진은 같은 직렬 2기통일지라도 크랭크 형상에 따라 엔진 특성이 다르다.

360도 크랭크 엔진은 질량이 한 방향으로 치우쳐 있어 중량 밸런스가 좋지 못하지만, 1회전의 균등한 간격으로 좌우 실린더가 번갈아 가며 연소가 일어나기 때문에 부드러운 토크를 낼 수 있다. 180도 크랭크 엔진은 그와 반대로 중량 밸런스는 좋으나 부등 간격 연소로 인해 토크가 매끄럽지 못하다. 엔진의 진동은 균등 간격의 연소보다는 중량 밸런스에 의해 좌우되므로 직렬 2기통 엔진은 대부분 180도 크랭크를 가지고 있다.

하지만 BMW F800의 경우 360 크랭크를 가지고 있으며 중량 밸런스를 확보하기 위해 별도의 카운터 밸런서를 가지고 있다. 야마하 MT07, 혼다 NC700과 같은 모델은 180도 크랭크와 360도 크랭크의 중간특성을 가지는 270도 크랭크를 채택하였다.

크랭크 종류	크랭크 회전각도					연소특성
	0˚	180˚	360˚	540˚	720˚	
360	연소		연소		연소	균등 간격 연소
180	연소	연소			연소	부등 간격 연소
270	연소		연소		연소	부등 간격 연소

Gilera Rondine 500

1937

Gilera Rondine
사진출처: PHIL AYNSLEY PHOTOGRAPHY

스펙 SPECIFICATION

엔진 | 4행정 DOHC 4기통 수냉식, 슈퍼차저
배기량 | 499cc
출력 | 80마력@9,000rpm
변속기 | 4단 페달
건조중량 | 182kg
최고속도 | 225km/h

수냉식 DOHC 4기통 슈퍼차저!

오늘날의 고성능 바이크의 사양이 아니다. 무려 1930년대에 등장한 론다인(Rondine) 이야기다.

1923년, 로마 출신의 엔지니어 카를로 지아니니(Carlo Gianini)와 피에르 리모(Piero Remor)는 고회전으로 높은 파워를 낼 수 있는 4기통 엔진의 우수성을 확신하고, 당시에 4기통 엔진이 배치되던 형태인 종방향(FN Four 엔진 참조)이 아닌 횡방향으로 배치할 수 있는 엔진을 구상하였다. 그것은 종래의 엔진 디자인보다 좌우 폭은 커지나, 뒤쪽 실린더가 냉각이 잘 안되는 문제를 해결할 수 있고, 차체의 길이를 짧게 할 수 있다는 장점이 있었다.

개발자금이 필요하던 두 엔지니어는 운 좋게도 레이싱에 관심 많던 루이지 본 마티니(Luigi Bonmartini) 백작을 만나게 되어 시제품 엔진을 만들 수 있었다. 그들의 첫 4기통 엔진은 공냉식의 490cc의 SOHC 형태로 28마력을 낼 수 있었다.

그 후 노튼(Norton)에서 활약하던 레이서이자 엔지니어인 피에르 타루피(Piero Taruffi)가 팀에 합세하였고 추가적인 업그레이드 작업을 하였다. 1933년에 수냉식, DOHC, 슈퍼 차져 탑재 형태로 바뀐 그들의 엔진은 이제 80마력에 가까운 파워를 낼 수 있었다. 그것은 당시 경쟁하던 영국제 바이크들의 거의 2배에 가까운 수치였다.

'론다인(Rondine, 제비라는 뜻)'이라고 이름 붙인 그들의 머신은 1935년 트리폴리(Tripoli) 그랑프리에서 우승하였지만, 당시 소유주이던 카프로니(Caproni)는 레이싱에 관심이 없어 론다인을 질레라(Gilera)로 팔아버렸다.

1936년 질레라로 최종적으로 자리 잡은 론다인은 내구성 개선을 위해 일부 부품을 스틸로 대체하면서 다소 무거워지긴 했지만, 여전히 당대 최고의 파워를 자랑하였다. 1937년에는 타루피가 유선형의 특수 제작된 페어링을 한 론다인을 타고 274km/h의 속도를 내어 세계 최고속 기록을 갱신하기도 하였다.

1946년부터는 레이싱 바이크에 슈퍼차져 장착이 금지되어버렸다.
1950년, 피에르 리모는 MV아구스타로 옮긴 뒤 거의 똑같은 4기통 엔진을 제작해 주었다.

DKW RT125 1939

DKW(Damf-Kraft-Wagen, 스팀엔진 자동차라는 뜻)는 1916년 덴마크 엔지니어 요르겐 라스무센이 독일 작센(Saxony) 초파우(Zschopau) 지역에 설립하였다.

처음에는 회사명처럼 스팀엔진 부품을 만들다 이후 우수한 2행정 엔진을 개발하여 자동차와 모터사이클을 제작하며 성장하였고, 특히 1930년대까지 많은 모터사이클을 생산하였다.

1939년에 출시된 RT125는 심플하고 우수한 설계로 인해 저렴하면서도 내구성이 좋았다. 특히 그 우수성으로 인해 세계 여러 모터사이클 제조사들이 복제품을 만든 것으로 유명한데 제2차 세계대전 종전 후 연합국은 전쟁 배상의 일환으로 DKW로부터 생산기술을 가져왔고 각국의 제조사에서 모터사이클을 생산하였다.

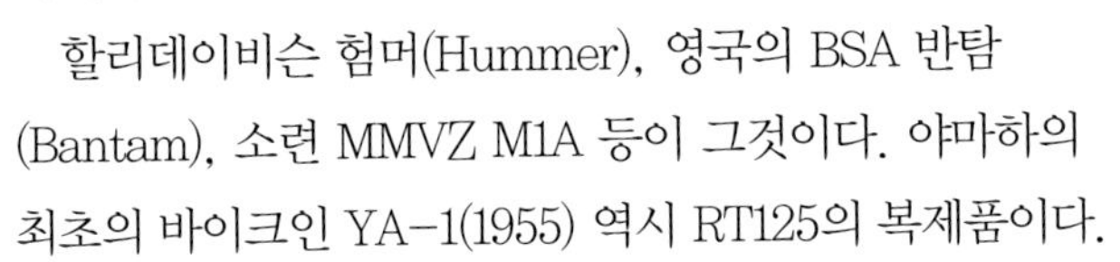

할리데이비슨 험머(Hummer), 영국의 BSA 반탐(Bantam), 소련 MMVZ M1A 등이 그것이다. 야마하의 최초의 바이크인 YA-1(1955) 역시 RT125의 복제품이다.

1929년에 시작된 세계경제대공황으로 인해 DKW는 다른 3개의 자동차회사(Audi, Horch, Wanderer)와 합병되었는데 그것이 오늘날의 아우디(Audi)이다. 아우디 엠블럼의 4개의 원은 합병된 4개의 회사를 뜻한다.

스펙 SPECIFICATION

엔진형식 | 2행정 단기통, 공냉식	**배기량** | 123cc
출력 | 6.5마력@4,800rpm	**변속기** | 3단 페달변속
최고속도 | 80km/h	**생산기간** | 1939~1965

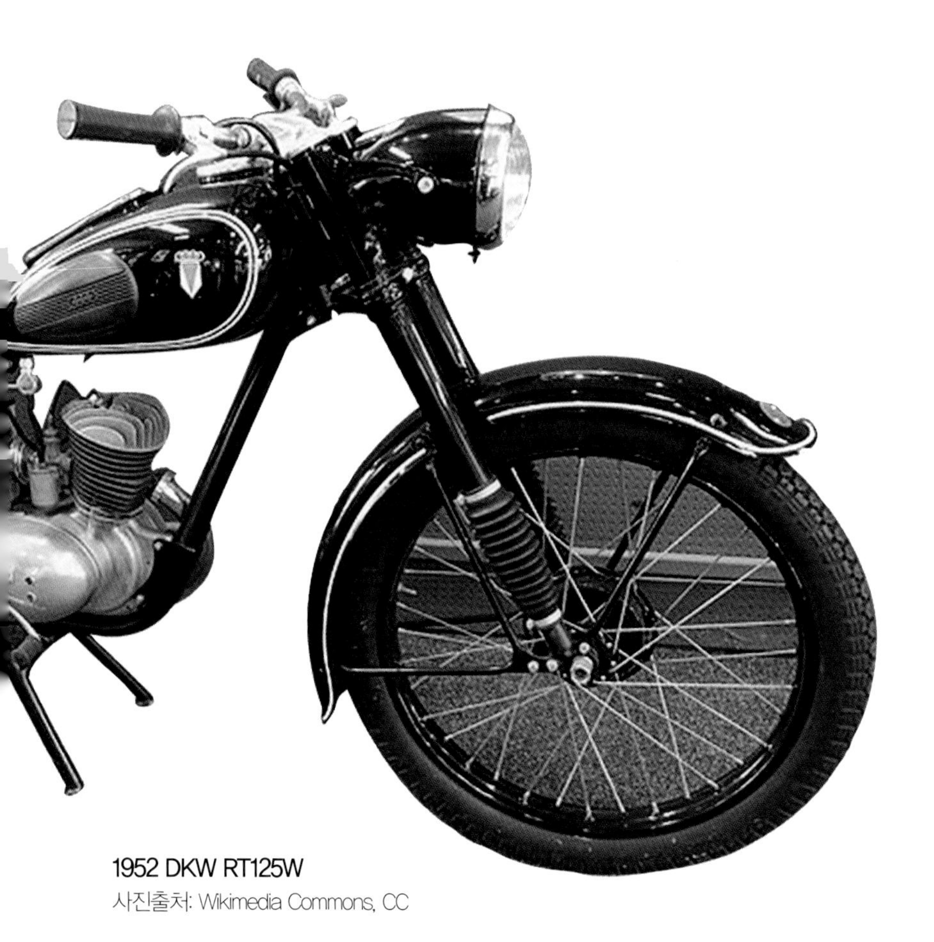

1952 DKW RT125W
사진출처: Wikimedia Commons, CC

Piaggio Vespa 98
1946

2차 세계대전이 끝난 후 엔리코 피아지오(Enrico Piaggio)는 전쟁 중 아버지로부터 물려받은 군수공장을 가동하기 위해 새로운 사업 아이템을 찾아야 했다. 엔리코는 전쟁 중 파괴된 교통 시스템을 대체할 저렴한 모터사이클을 생각해냈다.

하지만 전쟁 후 소규모의 물자이동이 많이 필요한 상황에서 수납성이 좋지 않은 기존의 스포츠 모터사이클 형태는 문제가 있어 보였다. 엔리코는 누구나 쉽게 탈 수 있고 수납성이 좋은 디자인을 피아지오 엔지니어에게 요청하여 1943년 MP5가 제작된다.

전면부 보호 쉴드를 통해 운전자의 하체를 흙, 먼지로부터 보

스펙 SPECIFICATION

엔진형식 | 2행정 단기통, 공냉식
배기량 | 98cc
출력 | 3.3마력@4,500rpm
변속기 | 4단 페달변속
최고속도 | 60km/h
생산기간 | 1959~1975

호하였고, 체인으로 연결된 98cc의 2행정 엔진은 강제 공기 순환으로 냉각되게 하였다. 하지만 엔리코는 중간에 툭 튀어나와 있는 센터부가 맘에 들지 않았고 항공기 설계를 하였던 엔지니어 코라디노 다스카니오(Corradino d'Ascanio)에게 디자인 수정을 요청하였다.

코라디노가 다시 설계한 새로운 시제품 MP6는 엔진을 뒷바퀴 옆으로 이동시켜 기존에 엔진이 있던 센터부를 없애버렸고, 항공기 엔지니어다운 발상으로 앞바퀴를 비행기의 랜딩기어와 같은 형태로 만들어 바퀴 교환을 쉽게 할 수 있도록 하였다. 센터부가 없어져 치마 입은 여성들도 쉽게 탈 수 있고 짐을 발아래에 아무렇게나 싣기에도 좋은 디자인이었다.

시제품을 본 엔리코는 생김새가 마치 말벌과 같다고 하여 이 바이크를 '베스파(Vespa, 이탈리아어로 말벌이라는 뜻)'라고 이름 짓고 이듬해부터 판매를 시작했다. 우수한 디자인과 저렴한 가격으로 인해 점점 인기를 얻었고 그 인기는 오늘날까지도 이어지고 있다.

▲ MP5 모델, 센터부에 엔진이 자리잡고 있어 공간이 없다. 오리를 닮아 파페리노(Paperino)라고 불리었다.
사진출처: PHIL AYNSLEY PHOTOGRAPHY

1945년 MV 아구스타에서도 그들의 첫 번째 바이크 이름을 '베스파'로 하려 했으나 피아지오가 먼저 사용해버리는 바람에 포기했다.

Moto Guzzi V8 1955

Motoguzzi V8
사진출처: Wikimedia Commons, CC BY-SA

1950년대에 들어서 질레라(Gilera)와 MV 아구스타의 4기통 바이크가 레이싱에서 승승장구하고 있었다.

스펙 SPECIFICATION

엔진형식 | 4행정 V형8기통 DOHC, 수냉식
배기량 | 499cc
출력 | 78마력@12,000rpm
변속기 |
최고속도 | 285km/h
생산기간 | 1955~1957

1931년과 1952년 이미 두 차례나 4기통 바이크를 만들어보았지만, 재미를 못 본 모토구찌는 좀 더 강력한 것을 비밀리에 준비하였다.

모토구찌의 뛰어난 엔지니어 쥴리오 카르카노(Giulio Carcano)가 만든 새로운 500cc 엔진은 수냉식에다 무려 8기통으로 복잡하게 쪼개져 있었다. 그럼에도 컴팩트한 설계와 경량 소재 덕분에 엔진 무게는 45kg 밖에 나가지 않았다. 80마력으로

290km/h에 가까운 속력을 낼 수 있었지만 짧은 개발 기간으로 인해 달리는 도중 실린더가 일부가 터지지 않거나 소착되는 문제가 있었고 당시 타이어, 브레이크, 서스펜션의 수준이 엔진의 파워를 감당하지 못해 핸들링이 어려웠다.

엔진 내구성은 점차 개선되었지만, 핸들링에 대한 대책이 없어 고속 코너링에서는 여전히 불리하였다. 결국, 질레라와 MV 아구스타의 4기통 머신을 이길 수는 없었고 빈번한 사고로 인해 라이더들도 V8을 타기를 꺼렸다. 결국 1957년 몬자(Monza) 경주장을 마지막으로 V8을 볼 수 없었다.

▲ V8엔진
사진출처: Wikimedia Commons, CC BY-SA

1958 Honda Super Cub
사진출처: Wikimedia Commons, CC

Honda Super Cub
1958

스펙 SPECIFICATION

엔진형식 | 4행정 단기통OHV공냉식
배기량 | 49cc
출력 | 4.5마력
변속기 | 3단 페달변속
최고속도 | ?
생산기간 | 1958~

1956년 유럽에서 시장조사를 마치고 돌아온 혼다 소이치로(Honda Soichiro)와 후지사와 다케오(Fujisawa Takeo)는 새로운 모델의 윤곽을 그려보았다.

유럽에서 인기 있던 스쿠터류와 큰 휠을 가진 언더본 형태(Kreidler K50) 바이크의 장점만을 반영해야 했고 배달원들이 한 손으로 쉽게 운전할 수 있는 구조여야 했다.

2년 뒤 그렇게 하여 탄생한 슈퍼커브(Super Cub)는 큰 휠 사이즈로 인해 휠이 작은 스쿠터보다 승차감이 좋았고 무릎 앞에 있는 쉴드는 비바람으로부터 다리를 보호해 주었다. 원심식 클러치가 장착된 반자동 변속 방식은 클러치 조작이 필요 없어 한 손으로 운전하면서도 기어 변속을 할 수 있었다. 가벼운 차체와 완성도 높은 엔진으로 인하여 50cc 배기량 모델 중에는 출력이 높았다.

경영을 담당하던 후지사와는 많은 판매량을 직감하였고 그것은 보기 좋게 들어맞았다. 이듬해 미국법인 설립을 시작으로 슈퍼커브는 세계 곳곳에서 판매되었다. 슈퍼커브는 1958년 출시 이후 2017년 10월 기준으로 무려 1억 대가 생산되어(아류 모델, 라이선스 생산은 제외) 세상에서 가장 많이 팔린 모터사이클이 되었다.

Triumph Bonneville T120 650 1959

본네빌(Bonneville)이라는 이름은 1956년 미국인 레이서 조니 알렌(Johnny Allen)이 美 유타주의 소금 호수 지역인 본네빌에서 트라이엄프 T110 직렬트윈엔진으로 214마일(약 345km/h)이라는 모터사이클 최고속 기록을 세운 것을 기념하여 붙여졌다. T는 트윈, 즉 직렬 2기통을 말하며 120은 최고속도 120마일을 의미한다.

T120이라는 모델명을 오늘날 부활시킨 것을 보아도 알 수 있듯이 이 바이크는트라이엄프에서 각별한 의미를 가진다.

1950년대 말 미국시장을 겨냥한 스포츠바이크 개발의 필요성을 느낀 트라이엄프는 유능한 엔지니어 에드워드 터너(Edward Turner)를 중심으로 T110의 후속작품을 만들게 된다. 터너는 엔진을 보다 고출력으로 세팅하였고 외관 또한 좀 더 스포티하게 바꾸었다.

1958년 런던 모터쇼에 처음 모습을 드러낸 본네빌 T120은 기존의 영국 바이크들과는 달리 가볍고 빨랐으며 다루기 쉬웠다. 스포티한 이미지를 부각하기 위해 본네빌이라는 모델명을 사용한 것은 아주 탁월한 선택이었다. '보니(Bonnie)'라는 애칭으로 많은 스피드 광들에게 사랑을 받았고 현재까지 영국 바이크 역사상 가장 걸작인 모델로 인정받고 있다.

1958 Triumph T120 Bonneville
사진출처: Wikimedia Commons, CC BY-SA

스펙 SPECIFICATION

엔진 | 4행정 정방형 4기통, 공냉식
배기량 | 649cc
출력 | 46마력@6,500rpm
기어 | 4단 페달변속
건조중량 | 193kg
최고속도 | 185km/h
생산기간 | 1959~1975

모터사이클 이야기: 46년만에 돌아온 바이크

2013년 미국 네브래스카주 오마하에 거주하는 70대 할아버지가 잃어버렸던 오토바이를 46년 만에 되찾았다.

도널드 디볼트(73)는 지난주 미국 캘리포니아 당국으로부터 46년 전 분실했던 1953년형 '트라이엄프 타이거 100' 오토바이의 주인이 맞는지 확인하는 전화를 받았다.

이 트라이엄프 타이거 100 오토바이는 일본으로 향하는 선박에 선적될 예정이었다. 그러나 미국 관세국경보호청(CBP) 요원이 이 오토바이의 차대번호를 확인한 결과 1967년 2월 도난된 것으로 밝혀지면서 다시 주인 곁으로 갔다.

디볼트는 "당시 나는 이 오토바이를 매우 아꼈으며 이를 보호하고 싶었다"고 감회를 밝혔다. 1967년 이 오토바이의 가격은 300달러였다. 오늘날 트라이엄프 타이거 100 오토바이는 9,000달러의 가치가 있는 것으로 드러났다.

이미 할리 데이비드슨 오토바이와 가와사키 오토바이를 차고에 보관하고 있는 디볼트는 앞으로 특별한 경우에만 이 오토바이를 탈 것이라고 말했다.

【오마하=AP/뉴시스】 권성근 기자

〈출처 뉴시스〉

MJM 63

1960~1970년

트라이엄프, BMW 등을 중심으로 한 유럽제조사들이 여전히 세계시장을 선도하고 있었다. 하지만 그들에게 검은 먹구름이 다가오고 있었으니 저렴해진 사륜자동차들과 가성비 좋은 일제 고배기량 모델들의 등장으로 인해 그들의 점유율은 계속 떨어지고 있었다. 경쟁력을 잃은 소규모 유럽제조사들은 역사 속으로 사라지기도 하였다. 그럼에도 불구하고 일본 제조사들에 의해 전체 산업 규모는 커졌으며 보다 많은 사람이 모터사이클을 즐기게 되었다. 혼다의 CB77로 공격을 시작한 일본은 결국 CB750이라는 걸출한 모델로 세계시장을 장악하였다.

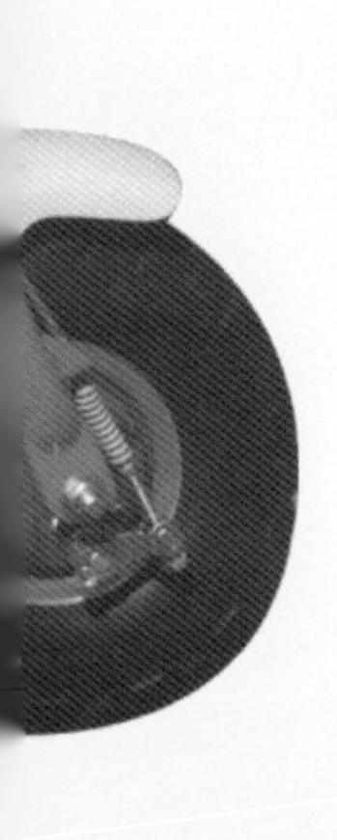

BMW R69S 1960

BMW R69S
사진출처: Wikimedia Commons, CC BY-SA

스펙 SPECIFICATION

엔진 | 4행정 수평대향 2기통, OHV 4밸브, 공냉식
배기량 | 594cc
출력 | 42마력@7,000RPM
변속기 | 4단 페달
최고속도 | 175km/h

R69S는 몇 년 전 출시되어 이미 좋은 평가를 받고 있던 R69의 스포츠 버전이었다.

따분한 투어링 바이크 제작사라는 이미지를 탈피하기 위해 기존 R69에서 압축비를 올리고 카뷰레이터 사이즈를 키워 파워를 좀 더 강화했다. 투어뿐 아니라 경주에 나가도 손색이 없는 성능이었다.

서스펜션의 경우 현대의 모터사이

클에 일반적으로 장착하는 텔레스코픽 포크 대신 당시로선 보다 우수하였던 얼스형(Earles-type) 포크를 장착하였다. 160km/h이상의 속도로도 무리 없이 순항이 가능한 신사용 고속 모터사이클이 탄생한 것이다. R69S는 당시 BMW가 겪고 있던 판매 부진을 만회 시켜 주었다.

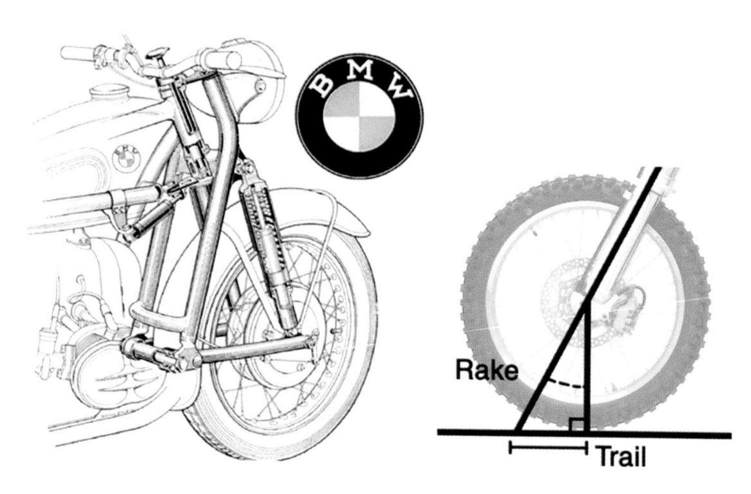

▲사진출처: http://www.vk6fh.com/vk6fh/earlesfork.htm

얼스형(Earles-type) 포크란 영국 발명가인 얼스 허니아(Earles Hernias)가 고안한 것으로 텔레스코픽(Telescopic, 망원경형) 포크에 비해 튼튼하고 트레일이 작아 바이크를 기울어짐 없이 핸들 조향만으로 선회해야 하는 사이드카용 모터사이클에 주로 쓰였다.

미국의 오프로드 레이서이자 사업가였던 존 펜톤(John Penton)은 1959년 BMW R69S를 타고 뉴욕에서 로스엔젤레스까지 약 4910km의 거리를 52시간 11분 만에 주파하여 미대륙 횡단 기록을 세웠다.

Honda CB77 Super Hawk 1961

Honda CB77 super hawk

스펙 SPECIFICATION

엔진 | 4행정 SOHC 직렬 트윈, 공냉식
배기량 | 305cc
변속기 | 4단 페달
파워 | 28마력@9,000rpm
건조중량 | 169kg
최고속도 | 160km/h
생산기간 | 1961~1968

서구시장에서 혼다의 성공은 CB77와 함께 시작되었다고 할 수 있다.

그랑프리 경주에서 쌓은 기술적 노하우로 CB72에 이어 만들어진 CB77은 혼다에겐 최초의 스포츠 모델이었으며 당시 일본 제조사 제품 중에는 배기량이 큰 모델이었다.

기존의 혼다 모델에서 보던 철판이 아닌 스틸 튜브 프레임을 사용하였으며, 셀모터(Cell motor) 시동방식과 텔레스코픽 서스펜션(Telescopic suspension) 등 당시로선 진보된 기술을 적용하였다.

부드러운 직렬 트윈 엔진은 유럽 경쟁사의 바이크들보다 배기량이 적었음에도 불구하고 성능이 동등하였으며 저렴한 데다가 내구성이 좋았으니 시장 장악은 시간문제였다. 뒤이어 스크램블러 버전인 CL77도 출시되었다.

알 파치노가 주연한 영화 '형사 서피코(Serpico, 1973)' 에 CB77이 등장한다.
미국 작가이자 철학자인 '로버트 M. 피어시그(Robert M. Pirsig, 1928~2017)' 는 1968년 자기의 CB77을 타고 친구와 여행을 하며 깨달은 바를 '선과 모터사이클 관리술(Zen and the Art of Motorcycle Maintenance)' 이라는 유명한 철학 소설로 남겼다.

▶ 사진출처: 문학과 지성사, 2010

Ducati Scrambler

Ducati Scrambler
사진출처 © Timeless2Wheels.com

스펙 SPECIFICATION

엔진 | 4행정 단기통 베벨기어, 공냉식
배기량 | 350cc
출력 | 27마력@8,500rpm
변속기 | 5단 페달
최고속도 | 130km/h
생산기간 | 1962~1976

▲ 2015년에는 L-트윈엔진을 탑재한 새로운 스크램블러 시리즈가 출시되었다.
사진출처: Flicker, CC BY-SA

매력적인 미국 시장은 예나 지금이나 경쟁이 치열한 곳이었다. 두카티(Ducati) 사장이던 조셉 몬타노(Giuseppe Montano)는 미국에서 유럽산 바이크들을 공급하던 조 버리너(Joe Berliner)로부터 미국 시장용으로 상대적으로 작으면서 가볍게 온/오프로드를 넘나들며 즐길 수 있는 바이크 개발을 요청받게 된다.

그 주문에 따라 1962년 두카티의 전설적인 엔지니어 파비오 타글리오니(Fabio Taglioni)가 만들어낸 바이크가 바로 스크램블러(Scrambler)이다.

이미 양산 중이던 모토크로스(Motocross) 175 모델을 베이스로 하여 다이애나(Diana) 250 모델에 쓰이던 베벨기어 방식의 단기통 엔진을 얹었다.

이듬해 좀 더 온로드 주행에 적합하도록 변경되었고 큰 인기를 얻었다. 마치 오늘날의 몬스터와 같은 존재였다.

1967년까지 미국 시장에서만 판매되다가 1968년부터 배기량을 다양하게(250~450cc) 하여 유럽 전역에서도 판매되기 시작하였다.

Ducati Apollo

1964

사진출처: Wikimedia Commons: CC BY-SA

스펙 SPECIFICATION

엔진 | 4행정 V형 4기통 OHV 공냉식
배기량 | 1,257cc
출력 | 100마력@7,000rpm
변속기 | 5단 페달
건조중량 | 270kg
최고속도 | 193km/h

유대인 난민이던 조 베를리너(Joseph Berliner)와 마이클 베를리너(Michael Berliner) 형제가 1951년 설립한 베를리너 모터스(Berliner Motor)는 두카티, 모토구찌, 노튼 등 유럽산 바이크들을 미국시장에 공급하던 일개 딜러사에 불과하였다.

하지만 베를리너 모터스는 유럽 바이크 생산량 절반 이상의 매출을 책임지고 있었고, 미국 시장을 선점하기 위한 노력을 통하여 결과적으로 역사적 가치를 가지는 모델들을 탄생시켰다.

두카티 아폴로(Ducati Apollo)도 그중의 하나다. 조 베를리너는 당시 할리데이비슨이 독식했던 미국 경찰용 바이크 시장에 진출하고 싶었다.

베를리너는 미국이 독과점 금지법으로 인하여 경찰용 바이크로 할리데이비슨 외 복수의 제조사를 검토해야 하는 상황을 알려주며, 두카티에게 경쟁 모델 개발을 제안하였다.

하지만 당시 할리데이비슨에 유리하도록 만들어진 경찰 바이크 요구사양(배기량 1200cc이상, 타이어는 16인치만 허용)은 좀 난해한 조합이었고, 200cc엔진 모델이 최대이던 두카티에겐 요구사양을 맞추는 것이 어려운 도전이었다. 더군다나 두카티 재정을 책임지던 이탈리아 정부도 개발에 부정적이었다.

그러나 베를리너 모터스가 개발자금 일부를 지원하기로 하고 두카티의 기술진이 대배기량 모델을 개발하겠다는 의지를 밝힘에 따라 개발은 착수되었다. 우여곡절 끝에 엔지니어 파비오 타글리오니가 만들어낸 두카티 최초의 V4 엔진이자 역대급 대배기량 모델인 아폴로는 할리보다 훨씬 가볍고 힘이 넘쳤다.

하지만 당시의 16인치 타이어와 드럼 브레이크 수준이 100마력의 큰 출력을 감당하지 못하는 것이 문제였다. 타이어, 브레이크와의 매칭을 위해 출력이 65마력으로 디튠되었지만, 출력 대비 가격이 상대적으로 비싸져 버렸다.

결국 이탈리아 정부는 수지타산에 맞지 않는다는 이유로 자금 지원을 중단해버렸고 프로젝트는 아쉽게도 취소되어 버렸다.

비록 아폴로는 시대를 너무 앞서 가버린 탓에 사장되고 말았지만 V4 엔진 기술은 이후 두카티 고유의 L 트윈 엔진으로 이어져 활용되었다.

아폴로는 단 두대만 제작되었고 현재 한대가 남아있으며 일본인이 소유하고 있다.
'아폴로(Apollo)'라는 이름은 1961년 발표된 미국 유인 우주선 계획을 기념하기 위해 붙여졌다.

Harley Davidson Electra Glide 1200

1965

1971 Electra Glide
사진출처: https://www.yesterdays.nl

스펙 SPECIFICATION

엔진 | 45도 OHV V-twin, 공냉식
배기량 | 1207cc
출력 | 60마력@5,400rpm
변속기 | 4단 페달
건조중량 | 310kg
최고속도 | 173km/h
생산기간 | 1965~1969

아마도 할리데이비슨(Harley Davison) 만큼 전통적인 모습을 유지하면서 발전한 모터사이클은 없을 것이다. 일렉트라 글라이드(Electra Glide)는 후륜 서스펜션이 적용되어 출시된 듀오 글라이드(Duo Glide, 1958~) 모델에 셀 모터 시동 시스템을 갖춘 모델이다. 스타팅 장치가 생겼음에도 불구하고 전통적 감성을 추구하는 매니아들을 위해 킥 페달 장치도 유지하였다.

게다가 일부 계약자들에겐 기어변속을 풋 페달 방식과 핸드레버 쉬프팅 방식 사이에서 선택할 수 있는 옵션도 제공해 주었다. 1965년 첫 모델에만 팬 헤드(Pan head) 엔진이 사용되었고 다음 모델부터는 쇼벨 헤드(Shovel head) 엔진으로 변경되었다.

일렉트라는 멋진 자태와 위엄, 편의성으로 인해 '고속도로의 여왕'이라는 별명을 가지게 되었다. 2021년 할리데이비슨은 초기의 디자인을 최대한 복원한 형태로 새로운 일렉트라 글라이드를 출시하였다.

◀▲ 할리데이비슨의 구식 OHV V 트윈 엔진에는 실린더 헤드의 독특한 모양으로 인해 재미있는 이름들이 붙었다. 발전된 순으로 '주먹 모양의 너클 헤드(Knuckle head 1936~1947)', 냄비 모양을 한 '팬 헤드(Pan head 1948~1965)' 삽 모양의 '쇼벨 헤드(Shovel head 1966~1984)'로 불린다(사진 좌측부터)

일렉트라 글라이드는 고속도로 순찰대의 이야기를 다룬 영화 '일렉트라 글라이드 인 블루(Electra Glide In Blue, 1973)' 에 주인공의 바이크로 등장한다.

Honda RC166 1966

Honda RC166
사진출처: Wikimedia Commons, CC BY-SA

스펙 SPECIFICATION

엔진 | 4행정 직렬6기통 DOHC, 24밸브, 공냉식
배기량 | 249c c
출력 | 60마력@18,000rpm
건조중량 | 154 kg
최고속도 | 240km/h

선견지명이었을까? 혼다 소이치로(Honda Soichiro)는 1960년대부터 이미 4행정 엔진을 고집하였다.

낮은 내구성과 연비 등을 생각했을 때 장기적으로는 2행정엔진은 도로에서 사라질 것으로 보였다.

하지만 두 번의 회전에 한번의 폭발이 일어나는 4행정 엔진이 매 회전당 폭발이 일어나는 2행정 엔진에 비해 출력이 떨어진다는 사실은 부정할 수 없었다. 야마하의 2행정 머신이 대부분의 경주에서 독주하고 있는 상황에서 혼다의 젊은 엔지니어 소이치로 이리마지리(Shoichiro Irimajiri)에게 2행정 머신을 능가할 수 있는 4행정 머신을 만드는 과업이 주어졌다. 한정된 배기량으로 출력을 더 높이려면 회전수를 끌어올려야 하고 그것을 위해서는 실린더 수를 더 늘리는 수밖에 없었다.

그 결과 초고속으로 회전하는 250cc 6기통 엔진이 탄생했다. 마침 MV 아구스타에서 이적하여 자신의 역량을 보여주고자 하였던 레이서 마이크 헤일우드(Mike Hailwood)는 RC166으로 1966년, 1967년 두 번이나 250cc 세계 타이틀을 따내었고 만섬 TT 레이스에서도 우승하였다.

보어와 스트로크를 조정하여 배기량을 늘린 RC174로는 1967년 350cc 타이틀을 따내었다. RC174에 대해 주목할 만한 사실은 배기량이 경쟁 머신들보다 50cc나 작은 297cc였다는 사실이다.

▲ Honda RC174 6기통 엔진
사진출처: Wikimedia Commons, CC BY-SA

최고 출력을 내는 18,000rpm 구간에서는 실린더 내에서 1초당 무려 150번의 폭발이 이루어지는 셈이다.

Honda Z50

1967

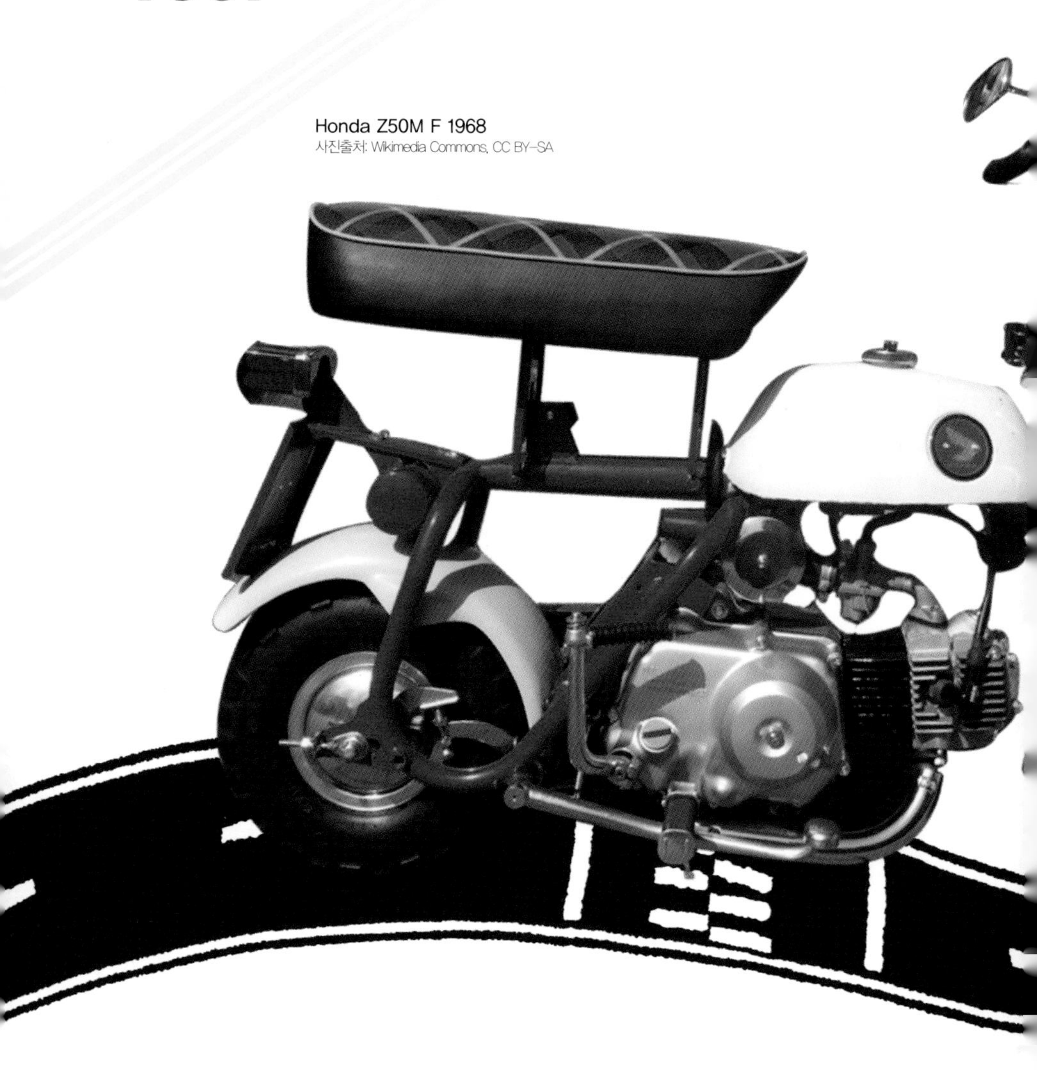

Honda Z50M F 1968
사진출처: Wikimedia Commons, CC BY-SA

스펙 SPECIFICATION

엔진 | 4행정 단기통 OHC, 공냉식
배기량 | 49cc(Z50)
출력 | 3.4마력@8,500rpm
변속기 | 3단 페달(반자동 클러치)
건조중량 | 68kg
최고속 | 40km/h

몽키라는 이름이 더 익숙한 혼다의 Z시리즈 미니 바이크는 1961년 혼다가 소유했던 다마테크(Tama Tech)라는 놀이동산의 어린이용 바이크 Z100으로부터 시작되었다.

놀이동산에서 Z100을 타는 어른들의 모습이 꼭 원숭이가 재주를 부리는 것 같다고 하여 몽키라는 별명이 붙었다.

Z100이 인기를 얻게 되자 혼다는 공도용을 생산하여 Z50으로 이름을 바꾸었고, 1967년 유럽 시장, 1968년 미국 시장에 판매하였다.

Z50은 차에도 실을 수 있는 작은 크기, 쉬운 정비 가능성, 저렴한 가격으로 인해 큰 인기를 얻었다.

2017년, 혼다는 화경 규제를 충족하기 어려워 Z50을 50주년 기념모델을 끝으로 단종시킨다고 발표하였으나, 팬들이 요청하여 2018년 125cc로 배기량을 늘려 다시 생산하였다. 하지만 아쉽게도 귀여운 외형과 달리 책정된 가격은 전혀 귀엽지 않았다.

Indian The Munro Special 1967

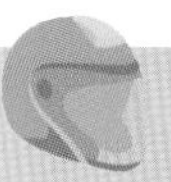

스펙 SPECIFICATION

엔진 | 4행정 45도 V트윈 공냉식
배기량 | 950cc
출력 | ?
변속기 | ?
건조중량 | ?
최고속 | 296km/h

무려 47년이나 된 고물 모터사이클을 가지고 세계 최고속 기록에 도전하는 것은 아무래도 무모한 일이다. 더군다나 그 도전자의 나이가 68세라면 말이다. 하지만 뉴질랜드의 모터사이클 레이서 버트 먼로

(Burt Munro, 1899~1978)는 그것을 이루어 내었다.

농부의 아들로 태어난 버트는 어려서부터 아버지의 가장 빠른 말을 몰래 타는 등 스피드를 즐겼다. 1926년부터 최고 속도 기록을 위해 자신의 1920년식 인디언 스카우트(Indian Scout)를 개조하기 시작하였는데, 엔진 실린더는 파이프를 잘라 만들고 피스톤은 직접 주조하는 등 대부분의 부품을 직접 제작하였다. 자금이 부족하여 낮에는 모터사이클 판매를 하였고 작업은 주로 밤에 하였다. 1947년 부인과 이혼한 뒤로는 온종일 작업실에 틀어박혀 튜닝작업에만 열중하였다.

1938년 뉴질랜드의 최고 속도 기록을 달성한 이래 그는 마침내 본네빌 사막에서 총 3개의 최고 속도 기록을 세웠는데 1967년 1,000cc 이하 부문에서 달성한 마지막 기록은 296km/h였으며 그때 그의 나이는 68세였다. 버트 먼로의 감동적인 이야기는 '세상에서 가장 빠른 인디언(The World's Fastest Indian, 2005)' 이라는 영화로 제작되었다.

먼로는 비공식적으로는 320km/h의 속도를 낸 적도 있었다.

▲ 작업실에 있는 버트 먼로
사진출처: Flicker, CC BY-SA

1920 Indian Scout World fastest Indian
사진출처: Wikimedia Commons, CC BY

Honda CB750 1968

모터사이클 역사를 반으로 나눈다면 아마도 CB750 등장 전/후로 나누는 것이 가장 적절할 것 같다. 1968년 도쿄모터쇼에 처음으로 등장한 CB750은 많은 부분이 기존 바이크들과는 차별화되어있었다.

양산 바이크 최초로 횡배치 형태로 탑재된 직렬 4기통 엔진, 사륜차에서

Honda CB750
사진출처: Wikimedia Commons, CC BY-SA

나 쓰이던 디스크 브레이크, 셀 모터(Cell motor) 시동 방식은 모터사이클이 이후 어떻게 변해야 하는 지를 잘 보여주었다.

잘 설계된 750cc의 4기통 엔진은 조용하면서도 강력한 파워를 선사해 주었고, 우수한 내구성을 갖추어 정비를 자주 할 필요도 없었다. 더군다나 이 모델은 당시 매우 합리적인 가격(385,000엔)에 출시되었기 때문에 라이더들이 마다할 이유가 없었다. 한마디로 완벽한 모터사이클이었다.

CB750의 등장으로 인해 주로 소형바이크 시장에서 강세를 보이던 일본 바이크 제조사들이 대형바이크 시장까지 점차 장악하기 시작하였으며, 그 이전까지 바이크 시장에서 강자로 군림하던 영국제 바이크들이 힘을 잃었다. 1976년에는 자동변속기를 단 버전도 출시되었다.

정작 혼다는 이 모델이 그렇게 히트를 칠 것이라고는 예상하지 못하여서 엔진케이스를 사형주조(투자금이 적으나 생산성이 낮은 방식이다)로 제작하다가 폭발적인 수요로 인해 무려 5000대 가까이 생산하고 나서야 다이케스팅 공법(투자금이 높으나 생산성이 좋다)으로 바꾸었다.

스펙 SPECIFICATION

엔진 | 4행정 직렬 4기통 SOHC, 공냉식
배기량 | 736cc
출력 | 67마력@8,000rpm
변속기 | 5단 페달
건조중량 | 218kg
최고속도 | 200km/h
생산기간 | 1969~2003

BSA Rocket 3
사진출처: Wikimedia Commons, CC BY-SA

BSA Rocket 3

1968

1950년대 말 B.S.A.의 엔지니어 버트 홉우드(Bert Hopwood)는 당시 트라이엄프 사장이자 명품 2기통 엔진을 개발한 에드워드 터너(Edward Turner)에게 새로운 3기통 엔진을 개발할 것을 제안한다.

하지만 2기통 엔진 신봉자이던 터너는 3기통 엔진의 필요성을 느끼지 못하였고 버트의 제안을 거절하였다.

그러나 3기통 엔진의 필요성을 확신하던 몇몇 엔지니어들이 공장이 비는 시간에 틈틈이 개발을 진행하여 마침내 파워풀하고 사운드가 독특한 3기통 엔진을 완성하였다.

스펙 SPECIFICATION

엔진 | 4행정 직렬 3기통 OHV, 공냉식
배기량 | 740cc
출력 | 58마력@5,000rpm
변속기 | 4단 페달
건조중량 | 212kg
최고속 | 188km/h

엔진이 준비되었음에도 불구하고 실제 바이크를 완성하지는 못했는데, BSA는 1963년 혼다에서 새로운 4기통의 대형바이크(CB750)를 개발 중이라는 소식을 듣고 난 이후에야 부랴부랴 제품화에 착수하였고 1968년, 우여곡절 끝에 Rocket 3는 세상의 빛을 보게 된다.

하지만 기존 직렬 2기통에 비해 조용하면서도 높은 성능을 지녔음에도 불구하고 역대급 걸작인 CB750의 적수가 되지는 못하였다. 만약 에드워드가 당시 좀 더 3기통 엔진에 호의적이었다면 Rocket 3는 CB750보다 몇 년 더 일찍 세상에 나올 수 있었을 것이고 그 결과는 어떻게 되었을지 모를 일이다.

어찌 됐건 CB750에 그늘에 가려져 우수성에 비해 주목을 받지 못하였지만, Rocket 3는 CB750, 가와사키 Mach 3와 함께 다기통 슈퍼바이크의 시작을 알리는 모델로서 역사에 남아 있다.

▲ 동일한 엔진을 사용하여 함께 출시된 자회사 트라이엄프의 Trident(트라이덴트)는 Rocket 3와는 달리 실린더가 수직으로 서 있었으며 싱글 크레이들 프레임(Single cradle frame)을 장착했다.
사진출처: Wikimedia Commons, CC BY

MV Agusta 750 SPORT 1969

MV 아구스타(Agusta)의 역사는 1923년 이탈리아 지오반니 아구스타(Giovani Agusta) 백작이 설립한 항공기 제조회사로부터 시작되었다. 1927년 백작이 사망하자 그의 아들 도메니코(Domenico)가 회사를 떠맡았고 2차 세계대전이 끝난 뒤부터 도메니코가 주도하여 대중을 위한 저렴한 모터사이클을 제조하기 시작하였다(BMW의 역사와 흡사하다).

MV Agusta 750S
사진출처: Wikimedia Commons, CC BY

항공기 제작기술이 담겨 있었기 때문에 MV의 바이크는 설계 정밀도가 높았으며 경량의 고품질 소재를 사용하였다. 바이크 경주에 대한 집념이 있던 도메니코는 질레라(Gilera)에서 4기통 엔진을 설계한 바 있는 피에르 리모(Piero Remor) 박사와 당대 최고의 레이서 지아코모 아고스티니(Giacomo Agostini)를 영입했다. 그 효과는 대단하였다.

그랑프리 500 클래스에서 당시 라이벌이던 모토구찌(Moto Guzzi)와 질레라(Gilera)를 따돌리고 MV 아구스타가 우승하였고, 그 후 무려 20년(1954년~1974년)간 단 한 시즌을 제외하고 모두 우승을 차지하였다.

레이싱에서 명성을 쌓은 MV는 1965년 500cc 4기통 레이싱 엔진의 배기량을 키워 공도용 모델 MV Agusta 600을 출시하였는데 600은 양산 바이크로서는 최초로 직렬 4기통 엔진을 탑재한 모델이었지만 고객들의 반응은 시큰둥하였다. 그 이유는 MV의 레이싱 머신들과는 너무 다른 스포티함이라곤 찾아볼 수 없는 구린 디자인 때문이었다.

4년 뒤 MV는 고객들의 욕구를 충족시켜 줄 새로운 모델을 밀라노 모터쇼에 공개했는데 강렬한 붉은색 프레임과 배기량이 커진 엔진을 탑재한 새로운 750S는 비로소 레이싱명가의 모터사이클다운 모습을 갖추었으며, 일반인들도 탈 수 있는 당대 최고의 스포츠 바이크가 되었다.

▲ MV Agusta 600 Roadster
사진출처: Wikimedia Commons, CC BY-SA

MV는 Meccanica Verghera의 약자로서 Verghera(이탈리아 북쪽 도시)에서 시작된 기술이라는 의미이다.

스펙 SPECIFICATION

엔진 | 4행정 직렬 4기통 DOHC 공냉식
출력 | 70마력@7,900rpm
변속기 | 5단 페달
건조중량 | 182kg
최고속 | 200km/h
생산기간 | 1970~1975

Kawasaki H1 Mach III 1969

가와사키다움의 시작!

경쟁사들이 750cc급의 4행정 엔진 모델들을 출시하고 있던 시점에 가와사키(Kawasaki)는 2행정 엔진을 가진 독특한 모델을 내놓았다.

사실 일본 메이커 중 미국 시장에 가장 마지막으로 입성한 가와사키의 입장에서는 존재감을 부각할 만한 와일드카드가 필요하였다.

미국 딜러로부터 신기종 개발 주문을 받은 가와사키는 대형 엔진을 기죽일만한 가속 성능을 위해 최소 60마력을 내는 2행정 엔진으로 컨셉을 정하였고, 무미건조한 2기통이 싫어 3기통을 선택하였다.

그렇게 하여 전무후무한 하드코어 바이크 Mach III H1 500이 탄생하였다. 최고속은 200km/h, 400m 제로백은 12.4초밖에 걸리지 않았다.

당시 Mach III를 접했던 바이커들의 평가는 양분되었는데 쉽게 앞바퀴가 들려버리는 파워와 2행정 3기통이 주는 독특한 엔진음에 빠진 하드코어 매니아층이 있었던 반면, 극단적인 파워와 가벼움을 추구한 탓에 발생한 문제점들, 불안한 저속 컨트롤, 출력에 비해 약한 차대, 서스펜션에 의한 고속에서의 불안한 접지력 및 브레이킹 등으로 인해 악평을 하는 라이더들도 많았다.

이와 같은 문제는 3년 후 배기량을 750cc로 올려 출시한 후속 모델 Mach IV에서 더 두드러졌고 과부제조기(Widow maker)라는 별명도 갖게 된다. 한동안은 신호 대기 후 이 모델보다 빨리 갈 수 있는 바이크는 없었다.

Kawasaki 500 H1
사진출처: Wikimedia Commons, CC BY-SA

스펙 SPECIFICATION

엔진 | 2행정 직렬 3기통 공냉식
배기량 | 498cc
출력 | 60마력@7,500rpm
변속기 | 5단 페달
건조중량 | 174kg
최고속도 | 200km/h
생산기간 | 1969~1976

모터사이클 이야기: 자살 클러치?

현대의 매뉴얼 바이크들은 대부분 왼쪽 핸들에 엔진의 동력을 차단하는 클러치 레버가 있고, 왼발에 기어 변속 레버가 있어 주행 중에 안정적으로 기어변속이 가능한 구조이다.

하지만 1900~1950년대의 초기 바이크들은 현재의 방식과 달리 4륜 자동차처럼 클러치 레버는 발로 조작을 하고 연료탱크 옆에 장착된 기어변속 레버는 손으로 조작하는 구조였다.

따라서 기어변속을 위해선 발로 클러치 레버를 밟고 핸들을 잡고 있던 한 손을 놓아 기어변속 레버를 조작해야만 했다. 이러한 방식은 두 가지 이유로 위험하여 자살 클러치라는 별명이 붙었다.

첫 번째는 잠시나마 한 손을 핸들에서 떼야 한다는 점이고, 두 번째는 정차 시에는 클러치를 끊기 위해 왼쪽 발은 클러치 페달 위에 올려놓아야 하기 때문에, 왼쪽으로 기우뚱하기라도 하면 반사적으로 클러치를 밟고 있던 발을 떼어 땅에 디디려 하게 되고, 그 순간 엔진의 동력이 연결된 바이크는 앞으로 튀어나가게 되어 사고로 이어질 수 있었던 점이다.

〈Rocker clutch〉

할리데이비슨, 인디언의 경우 이런 사고를 방지하기 위해 스프링으로 클러치페달을 고정할 수 있게 되어있었다 (Rocker clutch라고 불렸다). 하지만 클러치페달 조작이 느려지는 단점이 있어 레이싱 바이커들이나 일부 라이더들은 스프링을 제거하기도 하였다.

재미있는 점은 할리데이비슨은 왼쪽에 핸드 기어변속 레버와 클러치페달을 두었던 반면에, 인디언은 클러치페달을 왼쪽에 두었던 것은 할리데이비슨과 같았지만, 핸드 기어변속 레버가 오른쪽에 있었고 왼쪽 핸들에 스로틀이 있었다는 점이다. 인디언은 당시 이런 구조를 경찰관들이 바이크를 타면서 총을 쏠 수 있는 구조라고 홍보하였다.

오늘날과 같은 방식의 손 클러치+발 변속 방식은 1928년 영국 바이크 제조사 벨로체(Velocette)가 처음 개발하였다. 하지만 그 이후에도 꽤 오랫동안 발 클러치+핸드 기어변속 시스템이 함께 사용되었는데 할리데이비슨의 경우 1952년 팬 헤드 모델부터 손 클러치 방식을 채택하였지만, 경찰용 모델에는 경찰관들이 왼손으로 라디오 조작을 할 필요가 있어서 1970년대 초까지 발클러치 방식을 계속 사용하기도 하였다.

그리고 오늘날에도 감성을 추구하는 라이더들은 발 클러치+핸드 변속 방식으로 튜닝하기도 한다.

▲ 기어레버가 왼쪽에 붙은 할리데이비슨과 오른쪽에 붙은 인디언

1970~1980년

1970년대는 모터사이클 역사의 황금기였다. 소음과 환경규제가 없었고 제조사들이 원가를 고려하지 않고 오로지 성능에 집중하여 개발한 덕에 노튼 코만도 PR750, 두카티 750 SS, 라베르다 750SF(SFC), MV아구스타 750S, 모토구찌 V7 SPORT와 같은 유럽의 명품 스포츠 모델들이 나올 수 있었다.
한편 일본 제조사들은 혼다 CB750이후 세계 시장에서 그들의 점유율을 유지하기 위해 신기술들을 적용한 강력하고도 개성있는 모델들을 선보였다. 스즈키는 최초의 수냉모델인 GT750을 출시하였고, 가와사키는 최초로 4기통 DOHC 엔진을 장착한 Z1을, 그리고 혼다는 고출력의 6기통 모델인 CBX1000, 수평대향 엔진을 가진 투어러 GL1000 골드윙을 출시하였다.

Norton Commando PR 750 1970

Norton Commando 750 PR
사진출처: world vintage motorcycles.com

스펙 SPECIFICATION

엔진 | 4행정 직렬 2기통 OHV, 공냉식
배기량 | 745cc
출력 | 70마력@7,000rpm
변속기 | 5단 페달
건조중량 | 182kg
최고속도 | 211km/h

1898년 제임스 노튼(James Lansdowne Norton)이 설립한 영국 바이크 제작사 노튼은 트라이엄프와 함께 1950년대까지 세계의 모터사이클 시장을 주름잡았다.

1960년대에 들어서면서 가격이 저렴하고 품질도 좋은 일제 바이크들이 그들을 위협하기 시작하였는데 그 와중에 영국제 바이크가 아직 건재하다는 것을 보여준 모델이 코만도 PR 750이다.

노튼은 새로운 2기통 바이크 프로젝트를 계획하고 수행책임자로 롤스로이스에서 일하던 엔지니어 스테판 바우어(Stefan Bauer) 박사를 영입하였다.

완전히 새로운 바이크를 만들어내기에는 시간과 자금이 부족하여 엔진은 주력 모델이던 '아틀라스(Atlas)'의 것을 사용하기로 하고 차체만 변경하기로 하였다.

아틀라스와 도미네이터(Dominator)에 사용되는 페더베드 프레임(Featherbed frame)은 가볍고 견고하였지만, 엔진의 진동이 그대로 라이더에게 전달되는 단점이 있었는데 스테판 박사는 엔진과 프레임 사이에 방진 고무를 추가하여 진동을 줄였다. 유리 섬유로 된 미끈한 노란색의 페어링은 디자인의 완성도를 높여 주었다.

▲ 당시 유럽에서는 노튼의 프레임과 트라이엄프의 엔진을 조합해서 만든 '트라이톤(Triton, Triumph+Norton)' 바이크를 만들어 타는 게 유행이었다.
사진출처: Wikimedia Commons, CC BY

Moto Guzzi V7 Sport 1971

Moto guzzi V7 Sport
사진출처: Wikimedia Commons, CC BY-SA

스펙 SPECIFICATION

엔진 | 4행정 횡방향 V twin, 공냉식
배기량 | 748cc
출력 | 70마력@7,000rpm
변속기 | 5단 페달
건조중량 | 206kg
최고속 | 200km/h
생산기간 | 1971~1974

1960년대들어서 대량생산으로 저렴해진 4륜 자동차들이 보급되고 일본 제조사들이 성장하여 이탈리아 모터사이클 산업은 어려운 상황에 부딪혀 있었다.

이탈리아 업체 대부분은 사업을 접었고 상대적으로 규모가 컸던 모토 구찌와 질레라 정도만 살아남았다. 모토 구찌는 법정관리에 들어갔고, 1967년부터는 SEIMM (Società Esercizio Industrie Moto Meccaniche, 모터사이클 제작사 협회)이 모토구찌를 경영하였다. SEIMM은 더 이상 실용 바이크에 대한 수요는 없다고 판단하고 대형 스포츠 바이크 시장에 진입하기로 하였다.

1967년, SEIMM은 이 작업을 위해 베넬리(Benelli), 몬디알(Mondial), 질레라(Gilera)에서 레이싱 머신을 만들었던 엔지니어 리노 톤티(Lino Tonti)를 영입하였다.

리노의 첫 결과물인 V7 Special은 V7 700의 엔진 보어 사이즈를 키워 출력을 높인 것이었다. 반응이 괜찮았고 미국 시장에까지 진출하였다.

한편 계속해서 경주에 참가하면서 개선이 필요한 부분을 파악하였는데 여전히 엔진 폭이 넓고 엔진이 너무 낮은 위치에 있어서 코너링에 불리하다는 점이 큰 문제였다.

이에 리노는 엔진 상부에 붙어 있던 벨트구동식의 발전기를 없애 크랭크축에 직결 시켜 버리고 엔진을 좀 더 올려버렸다. 그에 맞는 새로운 프레임이 설계되고 스포티한 디자인의 750 Sport가 세상에 나왔다.

▲ V7 700(1968)의 출력을 증가시킨 V7 Special(1970) 모델, V7 Sport에 비해 엔진 높이가 낮다.

Suzuki GT 750

1971

Suzuki GT750 (1972)
사진출처: Wikimedia Commons, CC BY-SA

스펙 SPECIFICATION

엔진 | 2행정 직렬 3기통, 수냉식
출력 | 67마력@6,500RPM
건조중량 | 219kg
생산기간 | 1971~1977
배기량 | 736cc
변속기 | 5단 페달
최고속도 | 193km/h

70년대 초 유럽과 북미 시장에서는 혼다의 CB750과 가와사키의 MachIII 가 각각 부드러운 주행성능과 강력한 파워로 인기를 얻고 있었다.

이 두 모델 사이에서 존재감을 얻기를 바랐던 스즈키에는 그들의 장점이 있으면서 부족하였던 점은 보완된 새로운 모델이 필요하였다.

기존 T500의 엔진에 실린더를 하나 더 추가하고, 대형 2행정 엔진의 특성상 발생하는 열변형을 줄이기 위해 수냉 시스템을 적용하였다. 일본 제조사들 중 처음으로 출시한 수냉식 바이크였다.

그 결과 부드러운 주행감과 파워를 모두 갖추고, 디자인도 매력적인 GT750이 탄생하였다. 우수한 냉각 성능 덕분에 그랜드 투어러(Grand Tourer)라는 이름에 걸맞은 높은 내구성 가질 수 있었다.

이와 같은 이유로 인기리에 판매되었으나, 배기 규제가 점차 까다로워지고, 경쟁 제품인 4행정 엔진을 장착한 바이크에 밀려 1977년을 마지막으로 단종되었다.

1973년 모델부터 양산 바이크 중 최초로 듀얼 디스크 브레이크를 장착하였다.

Laverda SFC 750
1971

Laverda 750 Sport
사진출처: Wikimedia Commons, CC BY-SA

스펙 SPECIFICATION

엔진 | 4행정 직렬 2기통 SOHC, 744cc, 공냉식
출력 | 70마력@7,400rpm
변속기 | 5단 페달
건조중량 | 210kg
최고속도 | 212km/h
생산기간 | 1971~1977

라베르다(Laverda)는 1949년 농기계 엔지니어인 프란세스코 라브레다(Francesco Laverda)가 설립하였다. 그 회사의 소형 바이크는 성능과 내구성이 좋아 각종 대회에서 우승하며 인기를 얻었다.

하지만 1960년대에 이르러 일제 바이크들의 강세 속에 위기감을 느꼈고 프란세스코의 아들인 마시모(Massimo Laverda)의 주도하에 대배기량 모델 개발을 시작하였다. 혼다 CB77 엔진을 벤치마킹하고 배기량을 키운 트윈 엔진은 당시 '빅 트윈=영국제 바이크'라는 공식을 깨어버릴 만큼 성공적이었다.

곧이어 배기량을 650cc에서 750cc로 늘리고 750GT, 750S, 750SF를 출시하였다. 라베르다의 최고의 작품 750 SFC(Super Freni Competizione, Super Brake Competition)는 750SF를 보다 스포티하게 바꾼 것으로, 전방 페어링을 추가시키고 핸들을 낮추었으며 스텝을 뒤로 이동시켰다.

SFC는 우수한 성능과 내구성 덕분에 영국제 바이크에 싫증이 났지만, 일제 바이크를 사고 싶지는 않은 라이더들에게 좋은 대안이 되었다.

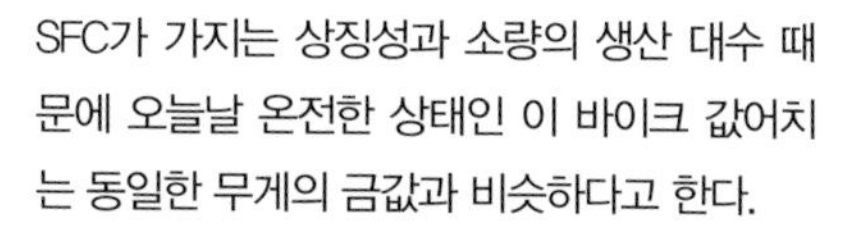

SFC가 가지는 상징성과 소량의 생산 대수 때문에 오늘날 온전한 상태인 이 바이크 값어치는 동일한 무게의 금값과 비슷하다고 한다.

Triumph Hurricane X75 1972

Triumph X-75 (1972)
사진출처: Wikimedia Commons, CC BY

스펙 SPECIFICATION

엔진 | 4행정 직렬 3기통 OHV, 공냉식
배기량 | 740cc
출력 | 58마력@7,500rpm
변속기 | 4단 페달
건조중량 | 191kg
최고속 | 188km/h
생산기간 | 1972~1973

현지화의 승리!

BSA 미국법인의 부사장이었던 돈 브라운(Don Brawn)은 새로운 모델인 BSA '로켓 3'의 디자인이 전혀 맘에 들지 않았다. 그가 보기에 덩치가 크고 따분한 디자인은 개성이 강한 미국 라이더들에겐 전혀 먹혀들지 않을 것 같았기 때문이다.

거만한 트라이엄프 영국 본사에 디자인 변경을 요청해봐야 무시당할 것이 뻔할 것이라고 생각한 그는 비밀리에 젊고 독창적인 모터사이클 디자이너 크레이그 베터(Craig Vetter)를 고용하여 미국 시장에 특화된 로켓3 디자인을 해줄 것을 주문하였다.

약 4개월 동안의 작업 후 공개된 결과물은 아주 만족스러웠다. 새 모델에는 높은 핸들 바와 3개의 멋진 배기파이프가 있었고 전체적인 모습은 마치 섹시한 몸매의 여성과 날렵한 고양이를 섞어 놓은 것 같았다.

◀ 크레이그 베터(Craig Vetter)
사진출처: en.wikipedia.org, CC BY-SA

Kawasaki Z1 1972

Kawasaki Z1
사진출처: Wikimedia Commons, CC BY

스펙 SPECIFICATION

엔진 | 4행정 직렬 4기통 DOHC 8밸브, 공냉식
배기량 | 903cc
출력 | 82마력@8,500 rpm
변속기 | 5단 페달
건조중량 | 230 kg
최고속 | 217 km/h
생산기간 | 1972~1975

슈퍼바이크 전쟁의 시작!

1960년대 말 가와사키도 750cc 4행정 4기통 바이크를 개발중이었지만, 혜성처럼 등장한 혼다 CB750을 보고 계획을 전면 수정하여 3기통 2행정 바이크(Mach III, 1969)를 먼저 출시하였다.

그것은 꽤 괜찮은 선택이었고 가와사키는 대중에게 거칠고 가속성이 뛰어난 바이크라는 이미지를 각인시켰다.

하지만 2 스트로크 엔진이었던 탓에 연비가 나쁘고 매연이 많이 나온다는 꼬리표가 따라다녔다.

다시 4행정 엔진을 개발하기로 한 가와사키는 DOHC(Double Overhead Camshaft)의 4기통 900cc인 새로운 엔진을 완성하게 된다.

이렇게 하여 양산 바이크 중 최초로 DOHC 4기통 엔진을 탑재하여 출시된 Z1은 높은 파워 및 그것을 뒷받침해주는 안정성, 브레이킹 능력 등으로 인해 '킹(King)'이라는 별명을 가지게 될 만큼 폭발적인 인기를 누렸다. 그 이전까지 왕좌를 차지하던 혼다의 CB750은 Z1에 자리를 넘겨줄 수밖에 없었다.

Z1에 의해 '슈퍼바이크=4기통 DOHC 엔진'이라는 공식이 만들어졌으며 곧 일제 슈퍼바이크 경쟁이 촉발되었다. 일본 자동차기술협회에서는 일본의 240개의 획기적 자동차기술 사례 중 한 가지로 Z1을 꼽고 있다.

Ducati 750 SS 1973

Ducati 750 Super Sport
사진출처: Wikimedia Commons, CC BY-SA

1972년, 이몰라(Imola) 200마일 경주에 앞서 당시 두카티 사장이던 프레드마노 스파라니(Fredmano Spairani)는 새로운 바이크 750 Imola와 새로 영입한 레이서 폴 스마트(Paul Smart)와 브루노(Bruno)를 믿고 있었다. 예상대로 이몰라 200 대회의 1위는 폴 스마트, 2위는 브루노(Bruno)였다.

기존 750GT 모델의 부품들과 오늘날 두카티의 상징인 데스모드로믹(Desmodromic) 밸브 시스템, 그리

스펙 SPECIFICATION

엔진 | 데스모드로믹 L트윈, 공냉식
배기량 | 748cc
출력 | 72마력@9,500rpm
변속기 | 5단
최고속도 | 220km/h
중량 | 202kg (wet)
생산기간 | 1973~1977

고 90도 L-트윈 엔진을 함께 조합하여 만든 750 Imola 머신의 승리는, 두카티를 대형바이크 메이커로 만드는 계기가 되었다.

두카티는 이듬해 일반 라이더들도 폴과 브루노가 탔던 750을 가질 수 있게 해주었는데 그것이 바로 750 Imola의 시판용 모델인 750 SS(Super Sport)였다.

시판용 모델은 공도 주행을 위한 헤드라이트, 번호판대, 소음기를 제외하고는 이몰라를 휘젓던 750과 거의 동일하였다(두카티는 예전이나 지금이나 레이싱 머신을 크게 변화시키지 않고 시판 차를 내놓는 것으로 유명하다).

덕분에 당연한 결과로 시판 차는 안정적이면서도 매우 빨랐으며 몇몇 부품을 교체하면 트랙에서 바로 달릴 수 있는 수준이었다. 레이싱 목적으로 설계된 탓에 실용적인 주행이 불편하였고 정비를 자주 해야 하였지만 차고에 두고 감상하는 것만으로도 그 가치는 충분하였다.

이몰라200 경기 (Imola200): 데이토나(Daytona) 200경주를 벤치마킹하여 이탈리아 북부도시 이몰라에서 매년 열리는 경주로 200마일(320km)을 달려야 한다.

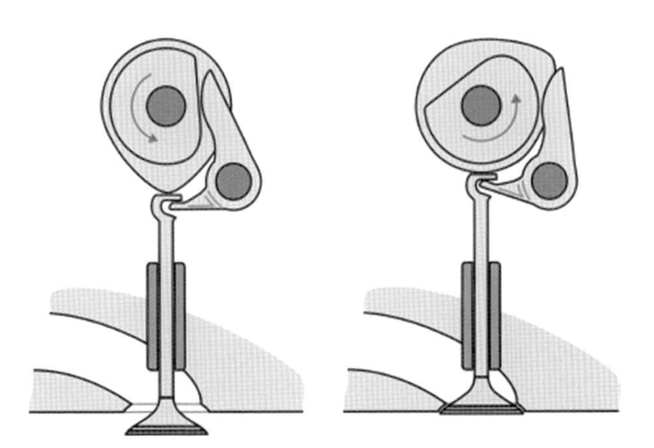

▲ 두카티의 상징인 데스모드로믹(Desmodromic) 밸브시스템, 캠이 밸브를 눌러서 열어주고 스프링이 닫는 역할을 하는 일반적인 방식과 달리, 밸브가 스프링 없이 전적으로 캠과 로커암에 의해 열리고 닫힌다. 스프링이 없기 때문에 스프링에 의한 서지(Surge) 문제가 없어 보다 고속으로 회전시킬 수 있는 장점이 있다.
사진출처: Wikimedia Commons, CC BY-SA

Benelli 750 Sei

1974

Benelli 750 Sei
사진출처: Wikimedia Commons, CC BY-SA

스펙 SPECIFICATION

엔진 | 4행정 직렬 6기통, SOHC
배기량 | 748cc
출력 | 71마력@8,500rpm
변속기 | 5단
건조중량 | 235kg
최고속도 | 200km/h
생산기간 | 1972–1978

1972년에 레이서이자 사업가인 알레한드로 드 토마소(Alejandro De Tomaso, 1928~2003)가 베넬리(Benelli)를 인수한다.

알레한드로는 곧바로 당시 시장을 장악했던 일본 메이커를 압도하기 위해 새로운 모델을 구상하는데, 그는 자신이 자동차 개발에서 추구했던 것처럼, 바이크에도 강력한 힘과 매력적인 디자인이 필요하다고 생각하였다.

그것을 위해 자신이 소유했던 회사를 비롯하여 각 분야 최고의 회사들을 동원하였는데 차체 디자인은 기아(Ghia)와 비냘리(Vignale)가 맡았고, 브레이크 개발은 브렘보(Brembo), 서스펜션은 마조치(Marzocchi)가 맡았으며 가장 핵심인 엔진 개발은 유능한 엔지니어 피에로 프람폴리니(Piero Prampolini)가 담당하였다.

개발 시간을 최소화하면서도 강력한 파워를 가진 엔진 형태를 만들기 위해 내린 결론은, 검증된 혼다 CB500 4기통 엔진을 베이스로 하여 2기통을 더 추가한 직렬 6기통 엔진을 제작하는 것이었다(엔진 폭을 줄이기 위해 발전기는 CB500과는 다르게 실린더 뒤쪽으로 옮겼다).

그 결과 매력적인 6개의 머플러를 가진 최초의 6기통 시판 바이크가 탄생하였다. 여러 개의 실린더가 뿜어내는 멋진 배기 사운드는 사람들을 충분히 매료시킬 만하였다. 하지만 미션 등에 고질적인 문제가 발생하면서 아쉽게도 일제 모델들을 압도할 수준에 이르지는 못하였다.

▲ 1979년부터 생산된 900cc버전
사진출처: Wikimedia Commons, CC BY

Suzuki RE5
1974

스펙 SPECIFICATION

엔진 | 로터리엔진(Wankel 1-rotor) 수냉식
배기량 | 497cc
출력 | 65마력@6,500rpm
건조중량 | 230kg
최고속도 | 167km/h
생산기간 | 1974~1976

마쯔다에 RX시리즈가 있었다면 스즈키에는 RE5가 있었다. 바로 로터리 엔진 이야기이다.

1959년 독일의 엔지니어 펠릭스 반켈(Felix Wankel)이 고안한 로터리 엔진(또는 반켈 엔진)은 왕복동 엔진에 비해 크기가 작고 1회전에 1회의 폭발이 일어나는 특성상 매끄럽고 높은 회전으로 상대적으로 더욱 큰 파워를 만들어 낼 수 있었다.

당시에는 많은 자동차·바이크 회사들이 로터리 엔진이 차세대 엔진이라고 판단하여, 독일 제조사와 라이선스 계약을 맺은 후 그 엔진에 대하여 실험하느라 바빴다.

일본 4대 바이크 제조사들도 모두 로터리 엔진 제작을 검토하였지만 실제 양산모델까지 내어놓은 것은 스즈키뿐이었다.

이 바이크에 실으려고 독일 NSU가 개발한 엔진은 피스톤 엔진 바이크보다 파워가 뛰어났으며 조용하였다. 진동이 거의 없어 라이더들은 혹시 엔진이 꺼진 건 아닌지 계기판을 수시로 확인할 정도였다.

하지만 빈번한 폭발과 높은 회전 특성으로 인해 발열이 많았고 연비가 나쁜 것이 문제였다. 그리고 엔진을 식히기 위한 커다랗고 복잡한 냉각시스템은 바이크를 무겁게 만들어 버렸고 개발비가 많이 투입된 탓에 가격 역시 너무 높게 책정되었다.

결국 특이해서 라이더들의 관심만 끌었을 뿐 현실적인 선택 범위에는 들지 못하였다.

저조한 판매량으로 인해 스즈키는 RE5를 빨리 단종시킬 수밖에 없었고, 많은 개발비를 회수하지 못한 스즈키는 재정적인 어려움에 빠져 슈퍼바이크 무대로의 진입이 경쟁사들에 비해 늦어져 버렸다.

▲ 로터리 엔진
사진출처: Suzuki

최초의 로터리엔진 바이크는 RE5보다 약간 앞서 DKW사에서 제작한 W2000이다. RE5와 달리 냉각 방식이 공냉식이었다

사진출처: Wikimedia Commons, CC BY

Honda GL1000 Gold Wing 1974

스펙 SPECIFICATION

엔진 | 수평대향 4기통 OHC 수냉식
배기량 | 999cc
출력 | 78마력@7,000rpm
변속기 | 5단
건조중량 | 273kg
최고속도 | 196km/h
생산기간 | 1974~1979

1970년대 초 어느 날 혼다 본사 회의실, 소이치로(Honda Soichiro) 사장은 엔지니어들에게 북미 시장에서 할리데이비슨을 압도할 수 있는 대형바이크 개발을 지시했다.

혁신적인 CB750으로 큰 성공을

Honda Gold Wing GL1000 1975
사진출처: Wikimedia Commons, CC BY-SA

거둔 혼다는 이제 고출력 투어링 모델로 부유층 고객까지 끌어오고 싶었던 것이다. 이를 위해선 또 한 번의 혁신적이고 과감한 도전이 필요하였는데, 동경대학 항공과 출신의 유능한 엔지니어 쇼이치로 이리마지리(Shoichiro Irimajiri)를 필두로 한 혼다의 엔지니어들은 그 방법을 잘 알고 있었다.

1974년, 세상에 모습을 드러낸 GL1000은 그 이전의 모터사이클에서는 볼 수 없었던 수평대향 4기통 엔진을 장착하였고, 탁월한 저중심 설계 덕분에 고속주행뿐만 아니라 저속주행 중에도 다루기가 쉬웠다(개발 초기 6기통 엔진을 탑재하는 것을 고려하였지만, 무게와 포지션 문제 때문에 4기통으로 변경하였다).

출시 첫해 기존에 없던 새로운 클래스의 바이크를 본 소비자들의 반응은 그다지 좋지 못하였으나 이듬해부터 판매량이 증가하기 시작하였다.

혼다는 계속적으로 GL1000의 배기량을 키우고 디자인을 변경하였고, GL1000은 오늘날까지 혼다의 대표 모델로서 전 세계에 인기리에 판매되고 있다.

CB750이 혼다에 날개를 달아주었다면 GL1000은 모델명과 같이 혼다의 날개를 황금으로 바꿔 주었다.

Yamaha XT500 E
사진출처, Wikimedia Commons, CC BY-SA

Yamaha XT500
1975

스펙 SPECIFICATION

엔진 | 4행정 SOHC 단기통
배기량 | 499cc
출력 | 32마력@6,500rpm
변속기 | 5단
최고속도 | 162km/h
건조중량 | 140kg
생산기간 | 1976~1989

1970년대에는 오프로드 바이크에 우수한 토크와 가벼움이 생명인 2행정 엔진을 장착하는 것이 아주 상식적인 설계였다.

1972년, 혼다가 그 공식을 깨뜨리려 4행정 엔진을 장착한 XL250과 350을 연이어 출시하였지만 높은 파워를 내는 2행정 바이크들을 이기기엔 역부족이었다.

이때 오프로드 바이크의 트렌드를 바꾸어놓을 모델 XT500이 세상에 등장했다. 사실 2행정 바이크로는 레이싱 우승 경험이 많은 야마하(Yamaha)였지만 빅 싱글 4행정 엔진 바이크로는 첫 도전이었기 때문에 야마하의 성공은 의외였다.

야마하는 경쟁 2행정 바이크들 만큼의 토크를 내기 위해선 500cc의 단기통 엔진이 필요하다고 판단하였다. 그리고 2행정 엔진 바이크 못지않은 무게를 만들기 위해 오일 팬이 없는(차체 프레임 내부가 오일저장소 기능을 하도록 하였다) SOHC 엔진을 설계하였다. 추가로 마그네슘 크랭크 케이스, 알루미늄 연료탱크 등의 경량소재를 사용하여 차체 무게를 최소화하였다.

그 결과 2행정 엔진 바이크 정도로 가벼우면서도 토크가 우수하고 진동이 억제된 XT500이 탄생하게 된다. XT500은 1975년 북미, 1976년 유럽 출시와 동시에 큰 인기를 얻었고 특히 1979년과 1980년 파리 다카르 랠리 우승으로 인해 프랑스에서 많은 사랑을 받았다.

오늘날 XT의 혈통은 SR 시리즈와 슈퍼테네레(super tenere)로 이어져 오고 있다.

최대한 가벼운 바이크를 만들겠다는 당시 XT500 개발팀의 모토는 "1엔당 1그램"이었다.

Bimota SB2 750

1976

1979 Bimota SB2 rear
사진출처: Wikimedia Commons, CC BY-SA

스펙 SPECIFICATION

엔진 | 4행정 직렬 4기통 DOHC, 공냉식
배기량 | 743cc
출력 | 75마력@8,700rpm
변속기 | 5단
건조중량 | 196kg
최고속도 | 210km/h
생산기간 | 1976~1980

1972년, 이탈리아 미사노(Misano) 서킷에서 혼다 CB750을 타던 마시모 탐부리니(Massimo Tamburini)는 코너링 중 넘어져 갈비뼈가 부러지는 사고를 당했다. 차체에 문제점이 많다고 생각한 그는 자체적으로 프레임과 연료탱크 등을 다시 디자인하여 CB750을 재탄생시킨다(HB1).

이듬해 마시모는 이러한 튜닝사업의 가능성을 확인하고 바이크에 대해 열정적인 2명의 친구 발레리오 비앙키(Valerio Bianchi), 조셉 모리(Giuseppe Morri)와 함께 독특한 방식으로 바이크를 제작하는 회사인 비모타(Bimota)를 설립하였다(비모타라는 회사명은 이들 세 명의 성을 조합하여 만든 것이다).

처음에는 주로 일제 바이크의 레이싱 키트를 만들었으나, 가볍고 견고한 트렐리스(Trellis) 프레임 제작기술과 타 회사의 엔진을 사용하여 바이크 완제품 제작까지 하였다.

Bimota HB1
사진출처: Wikimedia Commons, CC BY

SB2(Suzuki-Bimota2)는 스즈키의 엔진을 사용하여 만든 두 번째 모델이라는 의미이다. 스즈키의 GS750 엔진을 사용한 SB2는 경주용으로 만들었던 이전의 비모타 모델들과는 달리 최초의 공도용 모델로 만들었다. 경량화를 위해 유리섬유 카울, 크롬-몰디브데늄 트렐리스 프레임, 마그네슘 휠 등을 사용하였고 엔진은 하중지지 역할을 겸하도록 하였다.

그로 인해 무게는 GS750 대비 30kg이나 가벼웠고 당연히 더 빨리 달릴 수 있었다(하지만 가격은 3배 비쌌다). 시제품으로 소개되었을 당시에는 무게중심을 낮추기 위해 연료탱크가 엔진 아래에 있었고 배기파이프는 시트 뒤로 뽑힌 형태였으나, 실제 제작에 들어가면서 연료이송 문제가 있어 연료탱크는 다시 상부로 옮겨졌고 배기파이프 역시 발열 문제로 인해 하부로 옮겨졌다.

사진의 후방 방향 지시등이 있는 곳이 원래 배기파이프를 위한 자리였다. SB2는 양산이 되던 중 스즈키 수입업자의 방해로 인해 GS750 엔진 공급이 중단되어버려 500대를 끝으로 더 이상 제작되지 못하였다.

Suzuki GS750
사진출처: Wikimedia Commons, CC BY-SA

Honda CBX1000

1978

Honda CBX1000
사진출처: Wikimedia Commons, CC BY-SA

스펙 SPECIFICATION

엔진 | 4행정 직렬 6기통 DOHC 24밸브, 공냉식
배기량 | 1047cc
출력 | 105마력@9,000rpm
기어 | 5단
최고속도 | 219km/h
생산기간 | 1978~1982

혼다는 골드윙(GL1000)을 출시하여 대형바이크를 원하는 라이더들의 수요를 끌어오고 있었지만, 투어링 성격이 강하다 보니 고성능 스포츠 바이크를 원하는 젊은 라이더들은 여전히 가와사키의 Z1이나 스즈키의 GS1000을 선택하였다.

따라서 혼다는 심심한 이미지 탈피를 위해 과감한 프로젝트를 진행하였다. 초년시절 이미 GP 6기통 머신을 개발한 경험이 있는 엔지니어 쇼이치로 이리마지리(Shoichiro Irimajiri)가 1,000cc의 새로운 6기통 엔진을 만들었다. 넓어지는 엔진 폭을 줄이기 위해 제네레이터를 크랭크 뒤로 배치하고 실린더를 전방으로 기울여 무게 중심을 낮추었다.

CBX1000는 양쪽에 3개씩 뽑힌 머플러의 아름다운 외형, 6기통 엔진이 만들어내는 환상적인 배기음, 압도적인 파워와 덩치에 비해 우수한 핸들링으로 인하여 많은 라이더를 충분히 매료시킬 만하였다.

당시 양산 모터사이클 중에서는 최초로 220km/h 이상의 속도를 내었으며 400m를 11초에 주파할 수 있었다. 초기의 출력은 105마력이었으나 1981년부터는 출력 규제로 인해 5마력을 줄인 100마력으로 제작되었다.

SUZUKI

HONDA

SUZUKI

Kawasaki
Ninja

1980~1990년

4대 제조사들의 독무대였다. 유럽 제조사들은 트랙에서나 공도에서나 더 이상 적수가 되지 못하였다. 진보된 엔진기술로 터보 바이크를 포함한 고출력의 다기통 엔진 모델들이 출시되었다. 고성능을 위해선 수냉식이 필수적인 요소가 되었다. 그랑프리에서 우수한 성적을 거둔 2행정 머신들이 양산화되어 출시되었다.

BMW R80 G/S 1980

스펙 SPECIFICATION

엔진 | 4행정 박서엔진 2기통 4밸브, 공냉식
배기량 | 797cc
출력 | 50마력@6,500rpm
기어 | 5단 페달
최고속도 | 168km/h
생산기간 | 1980~1987

1970년대에 들어서 혼다와 야마하에서 연이어 출시한 XL250, XT500과 같은 온/오프로드 겸용 트레일 바이크들이 미국 시장에서 인기를 끌기 시작하였다. 주력 제품군인 고품질 고가 투어러 모델들의 판

매랑이 점점 줄어들고 있던 BMW는 그동안 관심이 없던 오프로드 바이크 모델 출시를 고려하였다.

비록 BMW가 정식으로 오프로드 모델을 양산한 적은 없었지만, 오래전부터 오프로드용으로 개조한 박서 엔진 모델로 식스 데이즈 트라이얼(Six Days Trials), 유럽 엔듀로(European Enduro) 타이틀과 같은 오프로드 경주에 참가하여 우승한 경험이 있었다.

BMW의 테스트 라이더인 라즐로 피에레스(Laszlo Peres)가 엔듀로 경기 참가를 위해 개인적으로 만들었던 바이크를 베이스로 하여 R80 G/S 개발이 진행되었다. BMW 최초의 정식 오프로드 모델이 탄생하고 어드벤처 투어러라는 새로운 장르가 생겨나는 순간이었다.

R80/7의 엔진과 R65의 프레임을 조합하여 만든 R80 G/S는 경량화된 엔진과 싱글 사이드암 등을 이용한 가벼운 설계 덕분에 167kg밖에 되지 않았다. 800cc의 배기량에서 나오는 넉넉한 파워로 단기통인 일제 트레일 바이크들과 달리 장거리 투어링도 편안하게 소화할 수 있어 인기를 끌게 되었다. 다카르랠리 버전의 G/S는 1981년, 1983년, 1984년, 1985년 4번의 다카르랠리 우승을 가져다주기도 하였다.

한때 모터사이클 사업을 접는 것까지 고민했던 BMW는 R80 G/S덕분에 부활할 수 있었으며 그 이후 계속 진화된 GS는 오늘날 BMW의 주력 모델이 되었다.

모델명의 R은 BMW의 상징인 박서엔진(플랫트윈엔진)을 뜻하며 80은 배기량 800cc, G/S는 Gelände(off-road)/Strasse(street)로서 험로와 포장도로 주행이 모두 가능하다는 의미이다.

Suzuki GSX 1100S Katana 1981

Suzuki GSX-1100S Katana
사진출처: Wikimedia Commons, CC BY-SA

스펙 SPECIFICATION

엔진 | 4행정 직렬 4기통 DOHC, 공냉식
출력 | 105마력@8,500rpm
건조중량 | 243kg
생산기간 | 1980~2000
배기량 | 1075cc
기어 | 5단
최고속도 | 226km/h

안정적이면서 파워도 강한 GSX1100E는 명실상부한 당대 최고의 바이크였지만 유럽 라이더들에게 어필하기 위해선 좀 더 강렬한 디자인이 필요하였다.

스즈키는 BMW 바이크를 디자인한 경험이 많은 독일 디자이너 한스 무트(Hans Muth)에게 GSX1100에 입힐 새로운 옷을 주문했다. 자국 라이더들의 입맛에 대해 누구보다 잘 알고 있던 한스는 아주 만족스러운 결과물인 GSX1100S 카나타를 내어놓았다.

일본도에서 영감을 얻은 미래지향적인 디자인은 라이더들의 이목을 끌기에 충분하였다. 그의 새로운 디자인에서 무엇보다 돋보인 점은 기능미를 잃지 않았다는 점이다. 실력이 없는 라이더들에겐 최고의 관상품이 되었고 베테랑 라이더들에겐 날카로운 칼이 되어 트랙을 휘젓게 하였다.

750cc, 400cc, 250cc 버전까지 만들어졌으며 2000년을 끝으로 단종되었으나 2019년에 과거 디자인을 오마주한 1,000cc의 새로운 카타나가 출시되었다.

▲ 2018년에는 GSX-R1000의 엔진을 장착한 새로운 카타나가 출시되었다.
사진출처: 네이버까페 바튜매 회원 '대전광수'님 제공

Honda CX650T Turbo 1983

Honda CX650 Turbo
사진출처: Wikimedia Commons, CC BY-SA

80년대 초 터보엔진을 장착한 4륜차들이 인기를 얻자 일본 4대 바이크 제조사들도 터보엔진 바이크 개발을 시작하였다.

스펙 SPECIFICATION

엔진 | 4행정 횡배치 수냉 V형 OHV 2기통
배기량 | 674cc
출력 | 97마력@8,000rpm
기어 | 5단 페달
최고속도 | 226km/h
건조중량 | 235kg

첫 양산모델을 내어놓은 것은 선두기업 혼다였는데 1978년부터 생산하던 CX500을 베이스로 하여 첫 터보엔진 바이크를 만들었다.

500cc의 V형 2기통 엔진은 터보와 궁합이 그리 좋지 않았다. 처음으로 시도하는 인젝션 시스템은 안착시키는 데 많은 시행착오가 필요하였다.

1982년 우여곡절 끝에 첫 양산 터보엔진 바이크인 CX500T가 등장하였다. 1년 후 CX650 모델의 엔진을 이용하여 배기량을 키워 출시한 CX650 터보는, 커진 배기량과 수정된 인젝션 프로그램 덕분에 CX500T에서 문제가 되던 터보랙 현상이 개선되어 보다 완성도 높아졌다.

하지만 동급 출력의 바이크에 비해 비싼 가격으로 인해 현실적인 선택지가 되지 못하였고 판매량은 많지 않았다. 뒤이어 야마하, 스즈키, 가와사키에서도 터보 바이크를 출시하였다.

양산 모델이라는 조건이 붙지 않는다면 최초의 터보 바이크는 1978년 미국 터보키트 회사인 Turbo Cycle Corporation에서 가와사키의 Z1-R을 이용하여 제작한 Z1R-TC이다.

▲ 스즈키와 가와사키에서 출시한 터보바이크 XJ650 Turbo(1983)와 GPZ750 Turbo(1984)

Kawasaki GPZ 900R 1984

Kawasaki GPZ 900R
사진출처: Wikimedia Commons, CC BY-SA

스펙 SPECIFICATION

엔진 | 4행정 직렬 4기통 DOHC 16밸브, 수냉식
배기량 | 908cc
출력 | 115마력@9,500rpm
변속기 | 6단 페달
건조중량 | 228kg
최고속도 | 248km/h
생산기간 | 1984~2003

아메리칸 닌자!

가와사키(Kawasaki)는 미국 시장에서 Z1의 성공 이후 고성능 바이크 제조사의 이미지를 다지기 위해 또 하나의 야심작을 비밀리에 준비했다.

기술의 핵심은 진보된 엔진이었다. 수냉식 4기통 DOHC 16 밸브의 엔진 사양은 세계 최초였으며, 그에 걸맞은 차체를 개발하기 위해 몇 년이 더 소요되었다.

프레임의 다운 튜브를 생략시킨 채 엔진이 하중 지지 역할도 겸하도록 하여 무게를 줄임과 동시에 무게중심도 낮출 수 있었다.

그리하여 총 6년간의 개발 끝에 완성된 GPZ900R은 113마력의 파워로 254km/h까지 속도를 낼 수 있었고 Z1 이후 다시 한번 양산 바이크 최고속 기록을 보유하게 되었다.

그러나 이처럼 뛰어난 스펙에도 불구하고 출시 후 기대했던 만큼 주목을 받지 못하였는데, 2년 뒤 이 모델의 가치를 드러내준 이는 바로 할리우드의 신인 스타였던 탐 크루즈(Tom Cruise)였다. 영화 '탑건(Topgun)'에서 등장한 GPZ900R은 반항적이면서도 실력 있는 파일럿인 매버릭(탐 크루즈 분)을 한층 더 돋보이게 해주었고 영화가 흥행한 후 매버릭이 되고 싶었던 많은 라이더들이 그의 항공 점퍼와 함께 GPZ 900R을 사들였다.

▲ 영화 '탑건' 속의 GPZ900R
사진출처: Wikimedia Commons, CC

1980~1990년

가와사키는 GPZ900R에 처음으로 '닌자(Ninja)'라는 판매명을 사용하였다.

Yamaha V-Max

1985

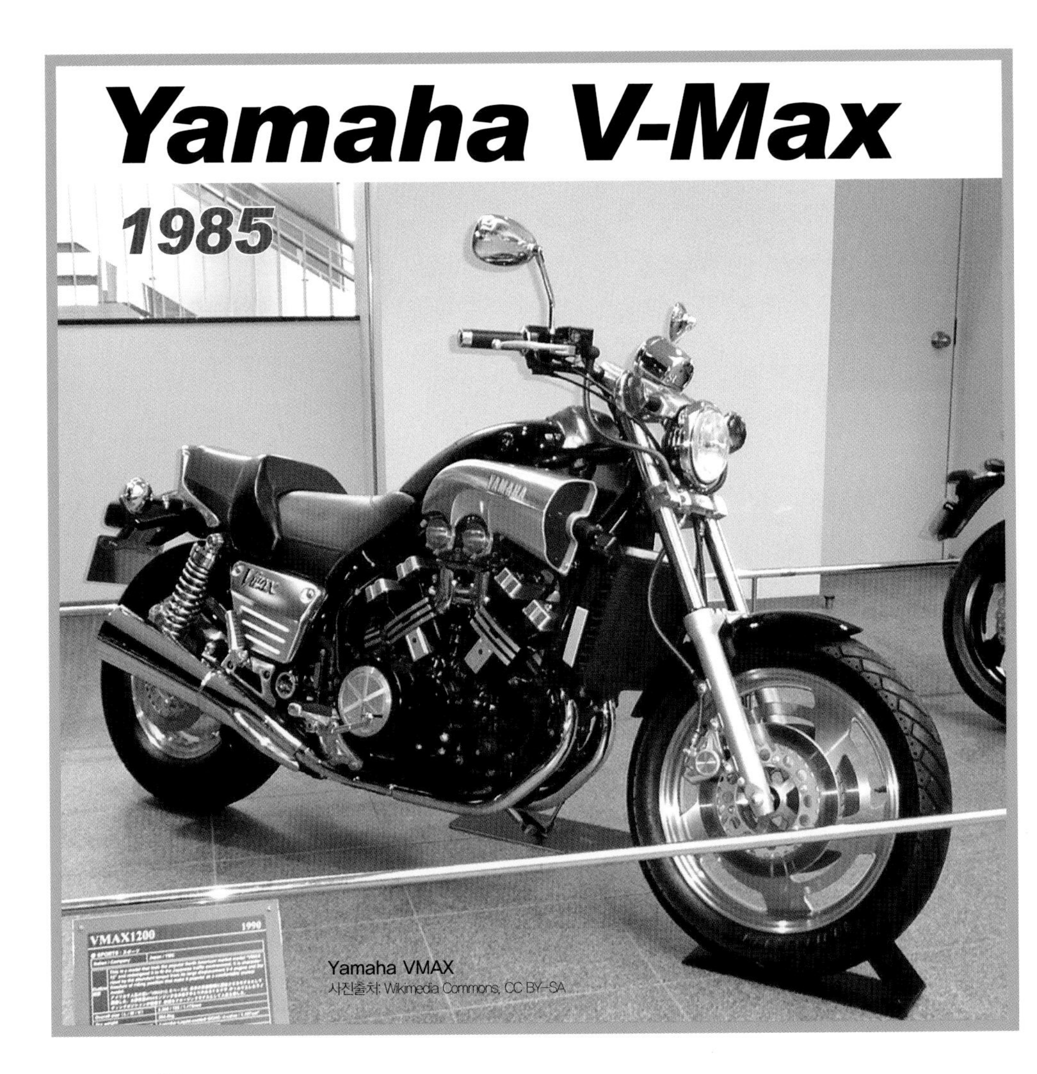

Yamaha VMAX
사진출처: Wikimedia Commons, CC BY-SA

스펙 SPECIFICATION

엔진 | 4행정 V형 4기통, DOHC, 수냉식
배기량 | 1197cc
출력 | 145마력@8,500rpm
변속기 | 5단 페달
건조중량 | 271kg
최고속도 | 240km/h

V4 엔진이 빈틈 없이 들어차 있는 이 근육질의 바이크는 실로 강력한 존재였다.

같은 V4 엔진을 사용하던 야마하 벤쳐 로얄(Venture Royale)의 엔진에 피스톤 경량화, 흡기밸브 사이즈업, 하이리프트 캠샤프트 등의 변화를 주어 기존 90마력에서 무려 50마력이나 더 끌어올려 버렸다.

경쟁 모델로 여겨졌던 혼다 VF1100C보다는 40마력이나 더 높았다. 강력한 파워는 400m 드래그 레이스를 10초대로 주파할 수 있을 정도의 짜릿한 속도를 선사하였다. 긴 휠베이스로 인하여 좋지 못한 코너링 성능과 상대적으로 너무 무른 서스펜션에 대해 비판이 있었지만 탁월한 가속력은 그런 단점들을 충분히 커버했다.

V-Max는 슈퍼바이크로도 욕심을 채우지 못하는 하드코어 라이더들을 만족시켜주었고 현재까지도 그런 마니아층 덕분에 계속 제작되고 있다.

2008년부터 배기량이 1,679cc로 커졌고 연료 장치가 카뷰레터에서 인젝션으로 바뀌면서 기존의 V-Boost 대신 엔진 회전수에 따라 흡기 경로를 가변시키는 시스템인 YCC-I(Yamaha Chip Controlled Intake)가 장착되었다.

▲ 야마하 벤처 로얄(Venture Royal)
사진출처: Wikimedia Commons, CC BY-SA

Suzuki RG500
사진출처: Suzuki

Suzuki RG500 Gamma 1986

영화 '천장지구'에서 주인공 아화(유덕화)의 모터사이클로 더 유명한 이 바이크는 스즈키가 1976년 500cc급 WGP참전을 위해 개발한 머신이 그 시초이다.

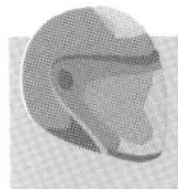

스펙 SPECIFICATION

엔진 | 2행정 정방형 4기통, 수냉식
배기량 | 498cc
출력 | 95마력@9,500rpm
변속기 | 6단 페달
최고속도 | 237km/h
건조중량 | 154kg

2행정 정방형 4기통+로터리 밸브라는 특이한 조합의 엔진을 장착한 이 머신은 1976년, 1977년, 1981년, 1982년, 총 4번에 걸쳐 스즈키에게 WGP우승을 안겨준다.

그 인기에 힘입어 1984년, 85년 시즌에 이탈리안 레이서 프랑코 운치니(Franco Uncini)가 탔던 머신과 거의 동일한 상태로 공도용으로 출시된 RG500 Gamma는 154kg의 가벼운 건조 중량에 무려 93마력의 성능을 가지고 매우 거친 파워를 뿜었다.

카세트 타입 기어박스를 채용하여 엔진을 분해하지 않고도 기어비 튜닝이 가능하였으며 브레이킹 시 차체가 아래로 꺼지는 것을 방지하기 위한 Anti-dive 장치를 채용하였다. 실린더 보어의 크기만 다른 400cc버젼도 함께 판매되었다.

▶ RG500의 정방형 4기통 엔진
사진출처: PHIL AYNSLEY PHOTOGRAPHY

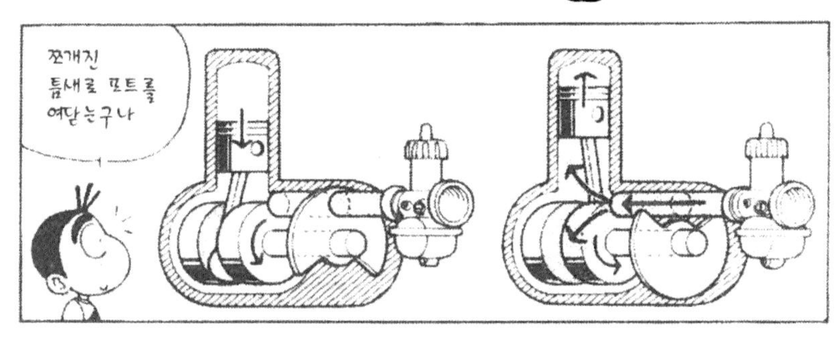

▲ 로터리 밸브 흡기방식
크랭크 샤프트 끝에 틈이 있는 원판(디스크)을 회전하는 순간 틈으로 혼합공기가 크랭크 케이스 내부로 유입되는 방식이다.

▲ 천장지구에서의 RG500Γ, 프론트 카울은 GSX-R750의 것으로 교체된 모습이다.

Honda RC30 VFR750R 1987

Honda VFR750R RC30
사진출처: Wikimedia Commons, CC BY-SA

스펙 SPECIFICATION

엔진 | 4행정 V형 4기통, 수냉식
배기량 | 748cc
출력 | 118마력@11,000rpm
변속기 | 6단 페달
건조중량 | 180kg
최고속도 | 246km/h

1980년대 말, 여러 바이크 제조사들은 WSBK(World Super Bike) 우승을 목적으로 한 공도용 모델 개발에 열중하였다.

1987년 런던 모터쇼에 처음 모습을 드러낸 VFR 750R(RC30)은 전신 모델이던 VFR 750F을 대폭 업그레이드시킨 모델이었다. VFR 750F 엔진과 달리 크랭크 위상 차이를 180도에서 360도로 변경하여 좀 더 공격적인 필링을 주었고, 카트리지 캠 기어 방식의 V형 4기통 엔진에 티타늄 커넥팅 로드를 심어 질량 관성을 최소화하였다.

차체의 경우 쇼와제 프런트 서스펜션과 모노 스윙 암은 앞, 뒷바퀴를 쉽게 교체할 수 있도록 설계되었다. 텐덤 시트는 없었다.

애초부터 WSBK 우승을 위해 개발된 모델이기 때문이다. 전혀 750cc로 보이지 않는 전체적으로 컴팩트하고 가벼운 설계로 인해 오늘날의 바이크와 비교해보아도 사양이 뒤처지지 않는다.

약 2,500대를 혼다 연구소와 HRC직원들이 의해 직접 조립하여 생산하였고 경쟁사의 동급 모델 대비 2배 비싼 가격(1988년 당시 $14,000)으로 책정되었지만 3시즌(1988년~1990년) 슈퍼바이크 챔피언십 우승에 따른 인기에 힘입어 만들어지기가 무섭게 판매되었다.

하지만 경량화와 무리한 고성능화를 추구한 탓인지 과열에 의한 열변형, 소착 등의 고질적 문제가 발생하기도 하였다.

RC30은 WSBK 1988년~1990년 시즌 제조사 부문 우승을 차지하였다.

Suzuki RGV 250 Gamma 1988

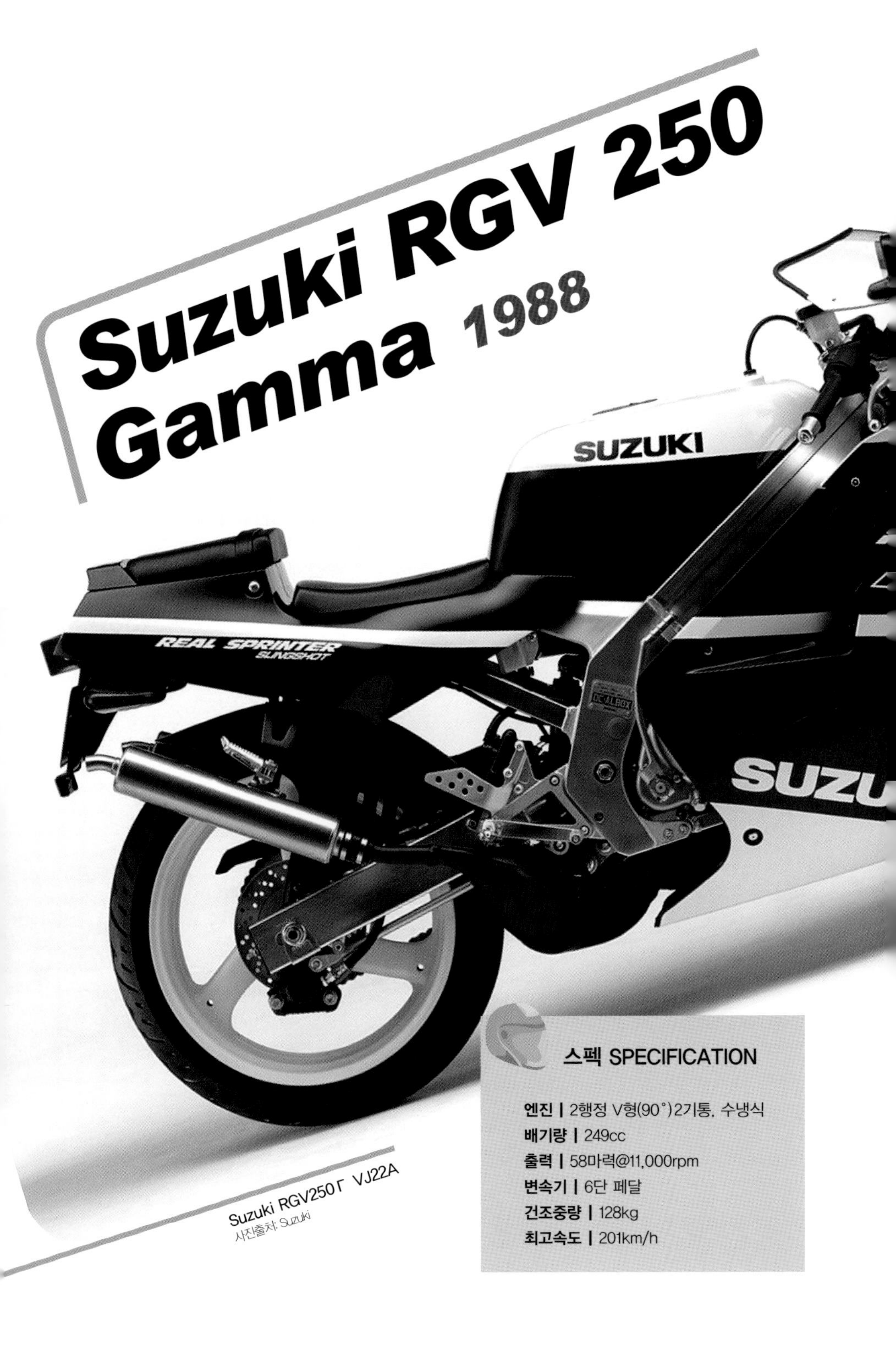

Suzuki RGV250Γ VJ22A
사진출처: Suzuki

스펙 SPECIFICATION

엔진 | 2행정 V형(90°)2기통, 수냉식
배기량 | 249cc
출력 | 58마력@11,000rpm
변속기 | 6단 페달
건조중량 | 128kg
최고속도 | 201km/h

▲ RGV250의 엔진은 아프릴리아(Aprilia) RS250에도 사용되었다.
사진출처: Wikimedia Commons, CC BY-SA

1980년대 말 일제 바이크 3사는 250cc GP머신을 베이스로 한 공도용 2행정 250cc 바이크들을 출시하게 된다.

혼다의 NSR250R과 야마하의 TZR250에 이어 스즈키가 내어놓은 RGV250 Gamma는 두 경쟁모델에 비해 늦게 나왔지만, 더 빨리 달릴 수 있었다. 11,000rpm에서 만들어지는 60마력의 파워로 200km/h의 속도를 낼 수 있었으며 가속력은 400m를 13초에 주파하는 수준이었다.

슬림한 차체의 무게는 128kg밖에 나가지 않았다. 킥스타터와 카랑카랑한 배기음은 누구나 레이서가 된듯한 기분을 느끼게 해주었다.

하지만 이 바이크를 관리하기 위해선 주기적으로 꼼꼼히 점검을 해야 하였고, 그에 따라 만만치 않은 비용을 지출해야 하였다.

Honda Africatwin
사진출처: Wikimedia Commons, CC BY-SA

Honda XRV650 Africa Twin 1988

스펙 SPECIFICATION

엔진 | 4행정 V형(52°) 2기통 6밸브, 수냉식

배기량 | 647cc **출력** | 57마력@8,000rpm

변속기 | 5단 페달 **건조중량** | 185kg

최고속도 | 177km/h **생산기간** | 1988~2003, 2016~

1986년 혼다는 파리 다카르 랠리(Paris-Dakar Rally)에서 NXR로 3년 만에 BMW로부터 우승컵을 빼앗아 올 수 있었다. 이 우승을 마케팅에 활용하여 공도용 랠리 바이크 XRV 650을 출시했는데 기존 TRANSALP(XL600V)모델을 이용하여 엔진과 차대를 제외하고는 최대한 NXR과 흡사하게 제작하였다.

52도의 V트윈엔진에 실린더당 3개의 밸브와 두 개의 스파크 플러그를 채용하여 성능과 효율이 좋았다. 안락함과 우수한 내구성으로 출퇴근은 물론 주말 온/오프로드 투어까지 두루 소화해낼 수 있어 큰 인기를 끌었다.

1990년부터 배기량이 750cc로 늘어났고 2003년까지 장기간 생산된 후 단종되었으나, 2016년 직렬 2기통 엔진에 배기량을 1,000cc로 키운 새로운 아프리카 트윈(CRF1000L)이 출시되었다.

랠리 머신 NXR750V는 파리 다카르 랠리에서 4회 연속(1986년~1989년) 우승을 차지하였다.

모터사이클 이야기:
가장 긴 모터사이클 세계일주

1985년 아르헨티나 제약회사 직원이던 에밀리오 스코토(Emilio Scotto, 1954~)는 1980년식 골드윙(GL1100)을 타고 그가 8살 때부터 계획하였던 세계여행을 시작했다.

그의 여행은 무려 10년간 지속되었는데 총 279개국을 거쳤으며 달린 거리는 무려 735,000km였다(이 거리는 지구에서 달까지 왕복하는 거리와 같다). 1985년과 1991년에 위험을 무릅쓰고 내전 지역을 지나가기도 하였으며 범죄자로 몰려 투옥되기도 하였다. 1993년에는 우리나라에도 다녀갔다.

아래는 그의 모터사이클 여행이 남긴 기록이다.

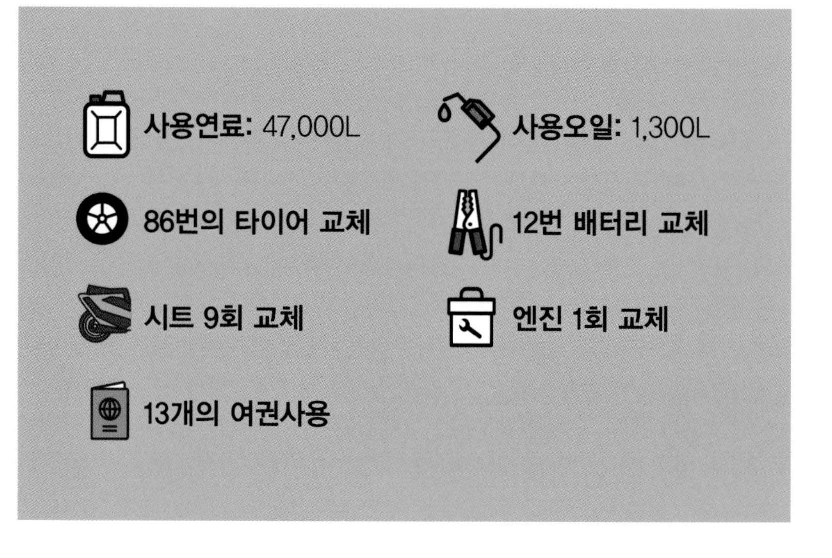

▲ 에밀리오 스코토의 사진
사진출처: Wikimedia Commons, CC BY-SA

SUZUKI

1990~ 2000년

시장에서 살아남기 위해 유럽 메이커들은 그들 나름의 돌파구를 찾았다. 주력 인기 모델 위주로 제품군을 축소하고 새로운 모델에는 그들만의 차별화된 디자인을 입혀 승부하였다. 천재적인 디자이너 마시오 탐부리니가 두카티 916과 MV아구스타, F4와 같은 아름다운 모델들을 디자인했다. 한편 일본 4대 메이커들은 최고속 경쟁을 하며 그들의 기술력을 뽐내었다. R1, 하야부사와 같은 강력한 슈퍼바이크들이 세상에 나타났다.

Kawasaki ZX-11

1990

Kawasaki ZZR-1100

스펙 SPECIFICATION

엔진 | 4행정 직렬 4기통 DOHC 수냉식
배기량 | 1,052cc
출력 | 145마력@10,500rpm
변속기 | 6단 페달
건조중량 | 274kg
최고속도 | 288km/h

경쟁사의 모델들이 Tomcat ZX-10의 속도(266km/h)를 따라잡으려 하자 가와사키는 그들을 따돌리려 후속 모델 ZX-11(or ZZR-1100)을 출시했다. 보어 사이즈를 키워 배기량을 늘렸고, 클러치와 커넥팅로드를 강화하였고, 그리고 양산 바이크 최초로 램에어 흡기 시스템을 적용하였다.

공기저항계수를 줄이기 위해 다시 다듬은 우람하고도 미끈한 디자인은 보는 이들을 압도하였다.

274kg의 무거운 차체 무게와 강력한 파워에도 불구하고 다루기 쉽다는 점이 또 다른 매력이었다.

혼다의 CBR1100XX가 등장하기 전까지 약 6년간 세상에서 가장 빠른 모델이었다.

Honda CBR600F2

Honda CBR600F2
사진출처: Wikimedia Commons, CC BY-SA

스펙 SPECIFICATION

엔진 | 4행정 직렬 4기통 DOHC 수냉식
배기량 | 599cc
출력 | 105마력@12,000rpm
변속기 | 6단 페달
건조중량 | 186kg
최고속도 | 247km/h

CBR600F(Hurricane, 1987)의 후속작 F2에는 완전히 새로운 엔진이 적용되었다.

보어를 키우고 스트로크를 줄여 좀 더 고회전형 엔진이 되어 출력이 증가하였으며 엔진 중간에 위치하던 캠체인을 가장자리로 옮기고 드라이브샤프트 위치를 조정하여 엔진 크기는 더 작아졌다.

강화된 프런트 서스펜션과 커진 바퀴 사이즈 등으로 인해 전체 중량이 약간 늘어나긴 하였으나 여전히 경쟁 바이크들(가와사키 ZX-6, 야마하 FZR600)보다 가벼웠고 더 빨랐다. 날렵한 핸들링과 강력한 파워로 인해 서킷에서나 공도에서 모두 최강이었다.

1991년 AMA 슈퍼스포츠 레이스에서 9번 모두 우승하였고, 1995년에는 램 에어(Ram-air) 흡기시스템을 도입하여 출력이 더욱 향상된 후속모델 F3가 출시되었다.

▲ CBR600F2의 특징적인 풀카울 디자인은 두카티 PASO 750(1986)의 영향을 받았다.

▲ 영화 '비트(1997)'속의 CBR600F3

Britten V1000 1991

Britten V1000
사진출처: Wikimedia Commons, CC BY-SA

스펙 SPECIFICATION

엔진 | 4행정 DOHC, 60도 V트윈, 수냉식
출력 | 166마력@11,800rpm
변속기 | 6단 페달
건조중량 | 138kg
최고속도 | 303km/h
생산기간 | 1991~1998(10대 제작)

한 개인이 창고에서 만들어낸 바이크가 레이싱에서 유명 제조사들을 누르고 우승하고 각종 속도 기록도 갈아치웠다면 믿을 수 있을까? 천재적인 엔지니어 존 브리튼(John Britten)과 그가 만든 바이크 V1000은 그것이 가능하다는 것을 보여주었다.

1950년 뉴질랜드 크리스트처치(Christchurch)에서 태어난 존 브리튼은 이미 14세 때 버려진 1927년식 인디언 바이크를 복원하는 등 손기술이 남달랐다. 예술적인 감각도 있어 건축물과 집기류들을 직접 디자인하기도 하였다.

1985년부터 레이싱 참가를 위해 모터사이클을 만들기 시작했는데 처음에는 두카티 바이크를 개조하려고 하였으나 맘에 들지 않아 아예 자기만의 바이크를 만들기 시작하였다.

몇몇 관심 있는 친구들과 함께 엔진을 포함한 대부분의 부품은 직접 설계하고 주변의 도구를 이용하여 제작하였는데 엔진 케이스의 열처리는 아내의 가마를 사용하고 외형은 정원용 철사와 글루건을 사용하기도 하였다.

1991년에 만들어진 브리튼 V1000의 구조는 당시는 물론 지금의 기준으로도 혁신적이다.

경량화를 위해 프레임이 생략된 채 서스펜션을 비롯한 모든 장치는 엔진에 지지가 되어있었고, 리어 서스펜션은 독특한 링크방식으로 엔진 앞쪽에 붙어있었으며, 라디에이터는 시트 밑에 설치되어있었다. 스윙암, 휠 등은 카본섬유로 만들었다. 바이크 내부에는 엔진 성능을 제어하고 주행상태를 기록하는 컴퓨터가 부착되어 있었는데 이것 역시 당시에는 생소한 것이었다.

이렇게 한정된 시간과 자원 속에 한 개인이 만든 V1000은 결국 자금력과 기술적 노하우를 가진 유명 제조사들의 바이크들을 능가하였다.

그러나 아쉽게도 존 브리튼은 많은 것을 이룩한 채 1995년 45세의 젊은 나이에 암으로 세상을 떠나고 만다.

만약 브리튼이 계속 살아서 모터사이클을 계속 만들었다면 어떤 일들이 벌어졌을지 궁금하다.

브리튼 V1000이 달성한 주요 기록들

- 1992년 배틀 오브 트윈스 우승 (네덜란드)
- 1993년 만섬 TT 레이스 가장 빠른 속도 기록
- 1993년 1km 및 1마일 가속력 테스트 기록갱신 (약 299.7km/h, 343.6km/h)
- 1994년 배틀 오브 트윈스 우승 (미국, 데이토나)
- 1995년 BEARS 챔피언십 우승

*BEARS: British, European, American, Racing

Honda NR 1992

1992 Honda NR750
사진출처: Wikimedia Commons, CC BY-SA

스펙 SPECIFICATION

엔진 | 4행정 L형 4기통 타원형 피스톤, 수냉식
배기량 | 747cc
출력 | 125마력@14,000rpm
변속기 | 6단 페달
건조중량 | 223kg
최고속도 | 257km/h

1968년, 실린더 수를 4개로 제한한다는 새로운 GP 규정이 발표되었는데 이것은 혼다에는 나쁜 소식이었다. 실린더 수가 제한되어버리면 2행정 엔진 바이크들을 따라잡던 RC166과 같은 다기통 고회전 레이싱 머신을 더 이상 만들어 낼 수 없었기 때문이다.

이에 혼다는 4륜 자동차 사업에 집중하기 위해 GP 무대를 잠시 떠나게 된다. 10년 뒤 새로운 아이디어로 복귀를 선언했고, 1979년 영국 GP 서킷에서 새로운 머신 NR500을 공개했는데, GP 규정을 만족하면서도 2행정 머신을 이기기 위한 혼다의 해결책은 기상천외하였다.

4기통이지만 8기통과 같은 효과를 내기 위해 실린더와 피스톤 형상을 타원형으로 만든 것이다. 실린더당 밸브는 8개, 두 개의 스파크 플러그, 길쭉한 타원형 피스톤에는 커넥팅 로드가 두 개씩 연결되어 있었다. 혁신적인 기술로 만든 NR500의 성능은 135마력@2만rpm정도로 동급 최고였다.

하지만 짧은 개발 기간으로 인해 완성도가 부족했던 탓인지 서킷에서는 성능을 발휘하지 못하고 누유 등의 문제로 모두 중도 탈락하고 만다. 그 이후에도 이

렇다 할 성적을 내지 못하고 1981년 시즌을 끝으로 더 이상 GP 서킷에서는 NR500을 볼 수 없게 된다.

그러나 많은 시행착오를 거쳐 완성한 기술을 그냥 사장시키기엔 아까웠던 혼다는 1992년 이 타원형 피스톤 엔진 바이크를 양산해버리게 되는데 그것이 바로 NR이다. 300대 한정에다 높은 제작비로 인해 출시 당시 가격은 무려 5만 달러로 동급모델들보다 5배나 비싼 가격이었다. 물론 지금은 부르는 게 값이다.

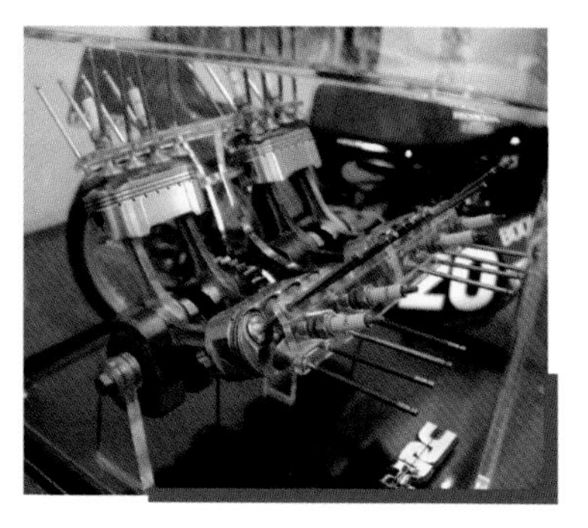

▲ NR의 타원형 피스톤과 밸브 배치형태
사진출처: Wikimedia Commons, CC BY-SA

□ **피스톤은 둥글다?**

앞서 타원형 피스톤을 가진 NR을 소개하였지만, 일반적인 피스톤도 엄밀히 말하면 원형이 아니다. 피스톤 핀이 조립되는 피스톤 보스 부가 좀 더 두껍기 때문에 열팽창을 고려하여 아주 미세하게 타원형을 이루고 있다. 열을 받았을 때 정확한 원형이 되도록 미리 약간의 타원형으로 가공하는 것이다. 측면에서 보았을 때도 실제 작동 시에는 상부가 더 많은 열을 받기 때문에 피스톤 상부가 아래 부위보다 좀 더 작게 설계되어있다. 원기둥이 아니라 정확히는 원뿔대 형상이라고 할 수 있다.

Ducati Monster M900
사진출처: Wikimedia Commons, CC BY-SA

Ducati M900 Monster 1993

스펙 SPECIFICATION

엔진 | 4행정 L형 2기통, 904cc, 공/유냉식
출력 | 80마력@7,200rpm
변속기 | 6단 페달
건조중량 | 184kg
최고속도 | 208km/h

레이싱 무대에서 우승했다고 곧바로 판매량이 많아지지는 않았다. 레이싱 머신에 거의 변화를 주지 않고 공도용으로 출시한 두카티 모델들은 성능은 우수하지만, 포지션이 과격하고 내구성이 약하여 잦은 정비가 필요해서 실용적이지 못했기 때문에 잘 팔리지 않았다. 스포츠성만 추구할 것이 아니라, 좀 더 대중성을 가진 모델이 필요하였던 것이다.

두카티의 기술책임자이던 마시

모 보르디(Massimo Bordi)는 디자이너 미구엘 갈루지(Miguel Angel Galluzzi)에게 두카티의 정체성을 잃지 않는 범위 내에서 지금까지의 스포츠 바이크들과는 달리 공도에서 타기 편한 바이크를 만들어 보라는 지시를 내린다.

제작 원가 역시 낮추어야 했기 때문에 새로운 부품 개발을 할 수는 없었다. 900SS의 엔진을 그대로 사용하고 851, 888의 트렐리스(Trellis) 프레임을 외부로 드러내는 방식으로 컨셉을 잡았다. 바이크 디자인의 중심이 되는 연료탱크 정도 새롭게 디자인하였을 뿐이다.

그 결과 아름다운 프레임, 쌍발 머플러가 돋보이는 M900이 탄생하였다. 마시모가 주문했던 대로 두카티의 스포티함과 아름다움을 갖추고 있었지만 과거에 비해 데일리 바이크로 적합한 형태였다.

900cc버전이 출시되고 600cc, 750cc가 연이어 시장에 나왔다. 2000년에는 수냉식 916엔진을 사용한 고출력사양의 S4가 출시되었다. 몬스터는 오늘날 두카티 판매량의 절반을 차지하고 있고 두카티를 먹여 살려 주고 있다.

▲ 수냉식 엔진이 탑재된 고성능 Monster S4

미구엘 갈루지는 아프릴리아 도루소(Dorsoduro), 투오노(Tuono), RSV4, 모토구찌 V7 레이서도 디자인 하였다.

BMW R1100 RS

1993

BMW R1100 RS
사진출처: Wikimedia Commons, CC BY-SA

스펙 SPECIFICATION

엔진 | 4행정 수평대향 2기통, OHV 8밸브, 유냉식
배기량 | 1,085cc
출력 | 90마력@7,250rpm
변속기 | 5단, 샤프트 드라이브방식 구동
최고속도 | 220km/h
건조중량 | 239kg

R1100 RS는 BMW 최초의 박서엔진(Boxer engine) 모델인 R32가 출시된 지 꼭 70년째 되는 해에 세상에 등장하였다.

새로운 박서엔진은 엔진이 일부 차대 역할을 동시에 수행하도록 만들어졌다. 공냉방식에서 유냉방식으로 바뀌었고 밸브의 개수는 실린더당 2개에서 4개로 늘어났다.

그 외 전자식 퓨얼 인젝션, 분리된 기어박스 등 새로운 엔진은 박서라는 형태만 같을 뿐 과거의 것과는 완전히 달랐다. 차체의 경우, 우수한 조향성을 가진 전륜 텔레 레버 서스펜션, 후륜 패러 레버 서스펜션과 같은 새로운 기술을 적용하여 주목을 받았으며 BMW의 또 다른 상징이 되었다.

또한, 장거리 운전에서의 편의성과 안전성을 위한 열선 그립, 하드 사이드 박스, 조절식 윈드 스크린, ABS(Anti-lock Brake System), 촉매 변환기 등은 타 메이커들에게 투어러가 갖추어야 하는 것이 무엇인지 보여주었다.

미국 모터사이클 잡지 '사이클 월드(Cycle world)'에서는 R1100 RS를 1994년 최고의 바이크로 선정하였다.

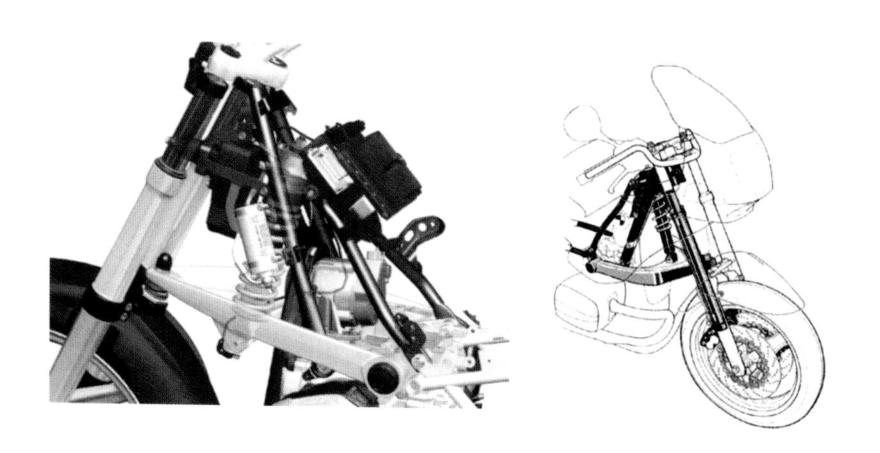

텔레레버 서스펜션(Telelever suspension): 텔레스코프(Telescope) 방식처럼 프런트 포크 튜브 내에 완충 댐핑 기능이 있는 것이 아니라 하부 브릿지에 연결된 별도의 스윙 암에 서스펜션이 연결되어 있는 방식을 말한다. 프론트 포크에 쇽업저버 기능이 없으므로 포크 튜브의 직경을 보다 작게 만들 수 있고, 상하부 브릿지 사이의 거리가 멀기 때문에 브레이킹 시 프론트 포크의 굽힘 모멘트가 적게 걸려 조향성이 더 좋다. 벤딩 진동이 적어 ABS(Anti-lock Brake System)에도 보다 적합한 방식이다.

Ducati 916 1994

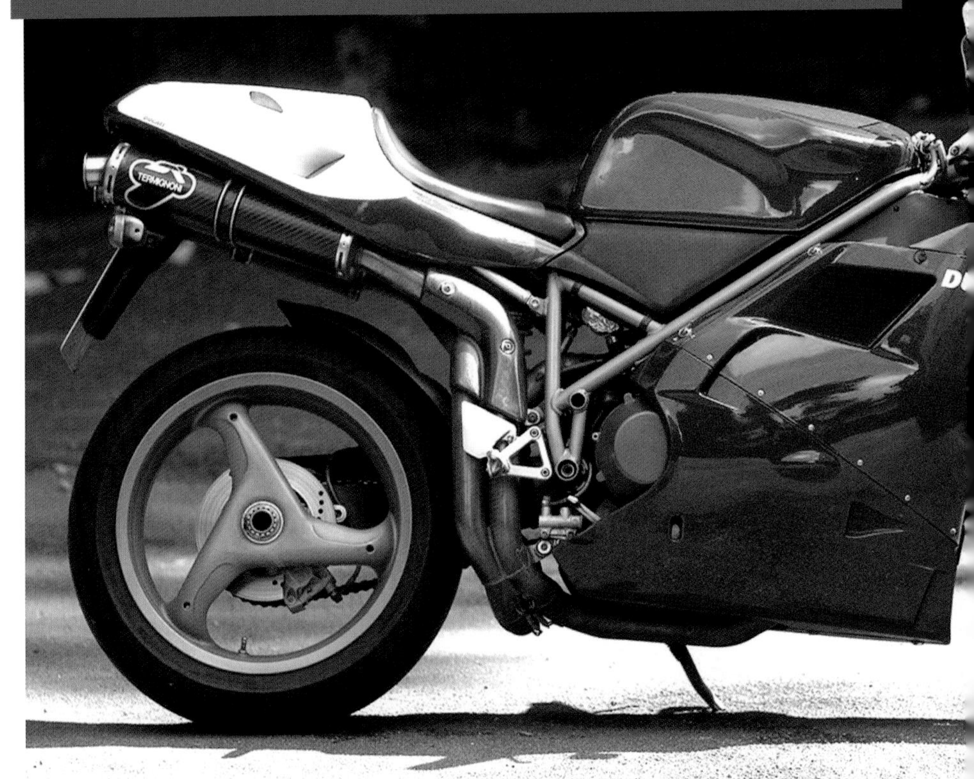

Ducati 916 SPS
사진출처: Wikimedia Commons, CC BY-SA

아마도 모터사이클에 대해 관심이 없는 사람도 이 멋진 916을 보고 두카티라는 브랜드를 알게 된 경우가 꽤 있을 듯 하다.

1993년 밀라노 모터사이클쇼(EICMA)에 처음 모습을 드러낸 916은 모터사이클도 예술작품이 될 수 있다는 것을 보여주었다. 낮게 눌린 형상의 두 헤드램프로 시작해서 센터업 머플러로 끝나는 아름다운 외형은 천재적인 디자이너 마시모 탐부리니(Massimo Tamburini)가 빚었다.

하지만 916이 모터사이클 역사에서 빛나는 진정한 이유는 디자인만큼 출

중했던 성능때문이다. 가볍고 견고한 크롬-몰리브데늄 트렐리스 프레임과 강력한 브레이크 그리고 9,000rpm에서 114마력을 내는 8밸브의 수냉식 L트윈엔진을 갖춘 이 머신으로 포가티(Fogarty)와 코서(Corser)는 월드 슈퍼바이크(WSBK) 챔피언십에서 4시즌(1994년, 1995년, 1996년, 1998년)동안 우승하였다. 그야말로 얼굴 잘생기고 공부 잘하는 엄친아 같은 녀석이었다.

하지만 공도용 916을 타고 다니기엔 몇 가지 감수해야 할 부분이 있었는데, 손목에 무리가 가는 라이딩 포지션과 빽빽한 클러치 그리고 주기적인 점검을 위해 비용이 꽤 많이 든다는 것이었다.

916은 이후 외형 디자인을 유지한 체 엔진 배기량을 줄인 748과 배기량을 늘린 996, 998로 이어져 출시되었다.

출시 당시 헤드램프 모양과 센터업 머플러 디자인이 HONDA NR을 모방했다는 비판을 받기도 하였다.

스펙 SPECIFICATION

엔진 | 4행정 L형 2기통, 수냉식
배기량 | 916cc
출력 | 104마력@9,000rpm
변속기 | 6단 페달
건조중량 | 194kg
최고속도 | 257km/h

MV Agusta F4 Serie Oro 1997

1998 Oro
사진출처: Wikimedia Commons, CC BY-SA

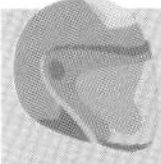

스펙 SPECIFICATION

엔진 | 4행정 직렬 4기통 DOHC, 수냉식
배기량 | 749cc
출력 | 126마력@12,200rpm
변속기 | 6단 페달
건조중량 | 180kg(F4 750S는 191kg)
최고속도 | 275km/h

1960년대 말 일제 바이크들의 유입으로 유럽 바이크 제조사들은 경쟁력을 잃어 갔고 MV 아구스타도 예외는 아니었다.

그런 와중에 1971년 도메니코(Domenico Agusta) 백작의 타계는 MV를 더욱더 어려운 시기로 몰아넣었다. 새롭게 경영을 맡게 된 EFIM은 경영 정상화를 위해 레이싱에 투입되는 비용을 줄이도록 하였고 1976년을 마지막으로 MV 아구스타는 더 이상 레이싱에 참여하지 않게 되었다.

하지만 MV 그룹의 수익성은 개선되지 않았고 1980년 이후로는 공도용 바이크 생산도 중단하였다. MV와 같은 기술력 있는 브랜드가 없어진다는 것은 안타까운 소식이었다.

하지만 1992년 카지바(Cagiva) 그룹이 MV 아구스타의 상표를 사들이면서 MV가 부활한다는 소식이 들려왔다. 곧 마시모 탐부리니(Massimo Tamburini)를 비롯한 카지바의 우수한 엔지니어들은 MV의 전통성을 가지면서도 디자인이 현대적인 새로운 모델 개발에 착수하였다.

1997년 EICMA, F4 Serio Oro(황금 버젼)는 아주 화려한 모습으로 등장하였다. 페어링, 펜더, 탱크 등은 카본섬유로 제작되었으며 싱글 사이드 스윙 암을 비롯한 많은 부분이 금색의 마그네슘소재로 이루어졌다. 마시모가 디자인한 외형은 두카티 916 이후 다시 한번 바이크가 예술작품이 될 수 있음을 보여주었다.

겉모습이 전부가 아니었다. 페라리의 도움을 받아 설계된 4기통 DOHC 750cc 엔진은 바이크 엔진으로는 드물게 방사형 밸브 배치를 가지고 있었고, 카트리지 타입 미션 방식을 채용해 엔진분해 없이 미션 튜닝과 점검이 가능하게 되어있었다.

300대 한정 생산분은 사전예약으로 완판되어버렸고 이어 좀 더 대중적인 버전의 F4 750S(기존 Serie oro 대비 카본은 플라스틱, 마그네슘은 스틸 재질로 대체)가 별도로 출시되었다. 2004년부터는 배기량이 1,000cc로 커졌다.

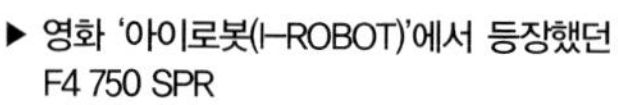
▶ 영화 '아이로봇(I-ROBOT)'에서 등장했던 F4 750 SPR
사진출처: Wikimedia Commons, CC BY-SA

Yamaha YZF-R1 1998

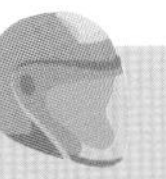

스펙 SPECIFICATION

엔진 | 4행정 직렬4기통 DOHC 20밸브, 수냉식
배기량 | 998cc
출력 | 150마력@10,000rpm
변속기 | 6단 페달
건조중량 | 177kg
최고속도 | 299km/h

1968년, 혼다 CB750의 등장이 현대식 고성능 모터사이클의 방향을 제시하였다면, 1998년에 등장한 R1은 슈퍼바이크의 개념을 다시 정의했다고 할 수 있다.

1,000cc 150마력의 엔진을 장착하고 177kg의 믿기지 않는 건조중량을 가진 이 공도용 바이크의 스펙은 당

Yamaha YZF-R1
사진출처: Wikimedia Commons, CC BY-SA

시로선 그야말로 충격이었다.

실린더 당 5개의 밸브를 가진 엔진은 카운터 샤프트를 메인 샤프트(크랭크) 위에 배치하여 3개의 축을 삼각 형태로 만듦으로써 앞뒤 길이를 최소화한 형태로 디자인되었다(이후 많은 메이커가 R1의 미션배치를 벤치마킹하였다).

컴팩트한 엔진과 새로 설계된 Detabox II 프레임의 조합은 전체적으로 미들급 크기의 슈퍼바이크를 만들어내었는데 전임 모델인 YZF1000R 대비 4cm 정도 짧아진 휠베이스는 매우 훌륭한 코너링을 선사하였다.

역대급으로 높은 중량 대 마력 비는 장점이기도 하였지만, 때론 초보 라이더가 조작 실수를 하도록 만들기도 하였다. 실제 R1을 구입해 간 사람들 중 파워에 겁먹어 하루 만에 되파는 사례도 있었다고 한다.

어쨌거나 R1은 출시 20년이 지난 지금까지 계속 진화하고 있고 여전히 많은 라이더들의 아드레날린을 분출시키고 있다.

R1은 화려한 성능에도 불구하고 레이싱 무대에서는 힘을 발휘하지 못하였다. 2009년이 되어서야 WSBK(월드슈퍼바이크 챔피언십)에서 첫 우승을 차지하였다.

◀ 삼각형태의 축배치로 인해 엔진의 앞뒤 길이가 짧다.

Suzuki Hayabusa 1999

Suzuki GSX 1300 Hayabusa
사진출처: Suzuki, CC BY-SA

스펙 SPECIFICATION

엔진 | 4행정 직렬 4기통 DOHC, 수냉식
배기량 | 1,298cc
출력 | 175마력@9,500rpm
변속기 | 6단 페달
건조중량 | 266kg
최고속도 | 312km/h
생산기간 | 1999~

하야부사는 일본어로 '매'를 뜻한다. 세상에서 가장 빠른 동물로 알려진 매는 먹이를 낚아채기 위해 하강하는 순간 속도가 시속 300km 이상일 때도 있다고 한다.

스즈키의 개발 목표는 당대 최고 속도였다. 175마력을 내는 DOHC 16 밸브 4기통 엔진과 흡기량을 증대시키는 램에어 시스템 및 그것을 뒷받침해주는 견고한 프레임과 머리부터 끝까지 공기저항을 최소화하도록 디자인된 카울링은 300km/h의 벽을 넘게 해주었다. 그 이전까지 가장 빠르던 검은 새 CBR 1100 XX 는 하야부사의 첫 번째 먹잇감이 되고야 말았다.

비단 속도만 빠른 것이 아니었다. 각 기어 단별로 골고루 부여된 풍부한 토크와 우수한 핸들링으로 인해 컨트롤이 쉬웠으며, 연비도 덩치에 비해선 좋은 편이었다.

이듬해 가와사키 역시 시속 300km/h 벽을 넘기 위해 ZX-12를 출시하였지만, 일본과 유럽제조사 간 양산 모터사이클의 최고속도를 300km 이하로 제한하기로 합의함에 따라 속도제한 장치가 추가되어 버려 더 이상 300km/h 이상의 속도경쟁은 의미가 없어져 버렸다.

그 덕분에 1999년식 하야부사는 합법적으로 300km 이상 속도를 낼 수 있는 유일한 바이크가 되어버렸다. 2007년까지 큰 변화 없이 생산되다가 2008년식부터는 새로운 엔진으로 인해 약간의 출력 증가가 있었다.

▲ **하야부사 등장이전까지 가장 빠르던 혼다 CBR1100XX Super Blackbird**
사진출처: flicker.com, CC BY-SA

BMW Motorrad
aprilia

2000년 이후

까다로워진 환경 규제를 만족시키기 위해 연료공급 장치는 캬브레이터 대신 인젝션이 일반화되었고, 일부 대형 고급 모델들에만 장착되던 주행 전자제어 안전장치인 ABS(Anti-lock Braking System, 바퀴 잠김 방지 장치)와 TCS(Traction Control System, 바퀴 미끄럼 방지 장치)와 같은 것들이 저배기량 모델들에게도 장착되어 보다 안전하게 모터사이클을 즐길 수 있게 되었다.

Triumph Rocket III

2004

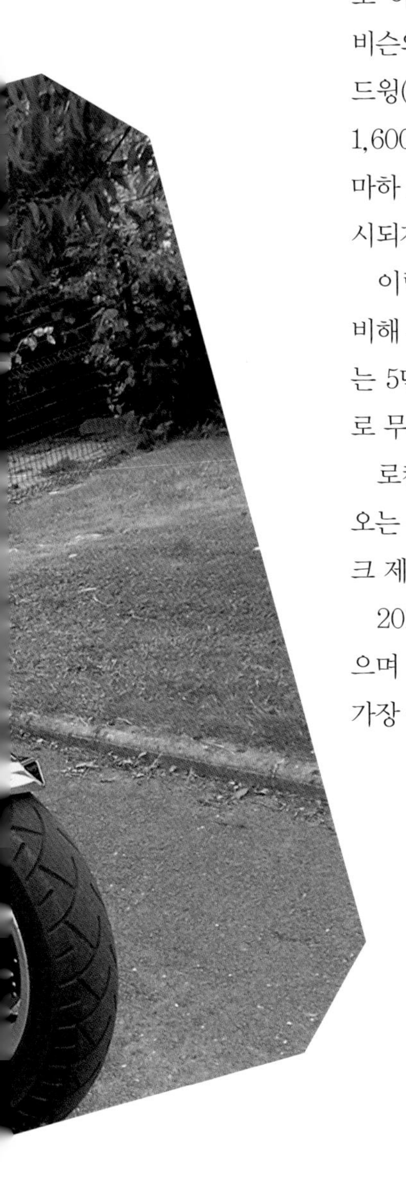

로켓 3(Rocket Ⅲ)는 1998년 미국 시장을 목표로 하여 개발을 착수하였는데 초기에는 할리데이비슨의 울트라 글라이드(Ultra Glide)와 혼다의 골드윙(Goldwing)을 타깃으로 하여 엔진의 배기량을 1,600cc로 계획하였으나 개발 도중에 1,670cc의 야마하 로얄 스타(Royal Star)와 혼다 VTX 1800이 출시되자 배기량을 2,294cc로 대폭 키워 버렸다.

이렇게 과거 B.S.A의 동일한 모델명의 로켓3에 비해 무려 3배가 되는 배기량을 가진 새로운 로켓 3는 5단 기어에서 1,500rpm 정도로 달려도 될 정도로 무지막지한 토크를 가지게 되었다.

로켓3는 비록 울트라와 골드윙의 수요층을 뺏어오는 데는 실패하였으나 트라이엄프가 마초적 바이크 제조사 이미지를 가지는 데 공헌하였다.

2019년부터는 배기량이 2,500cc로 한층 더 커졌으며 이것은 2021년 현재 양산되는 바이크 중에서 가장 큰 배기량이다.

스펙 SPECIFICATION

엔진 | 4행정 직렬 3기통, 수냉식
배기량 | 2,294cc
출력 | 146마력@6,000rpm
변속기 | 5단 페달
건조중량 | 320kg
최고속도 | 233km/h

Ducati Desmosedici RR 2006

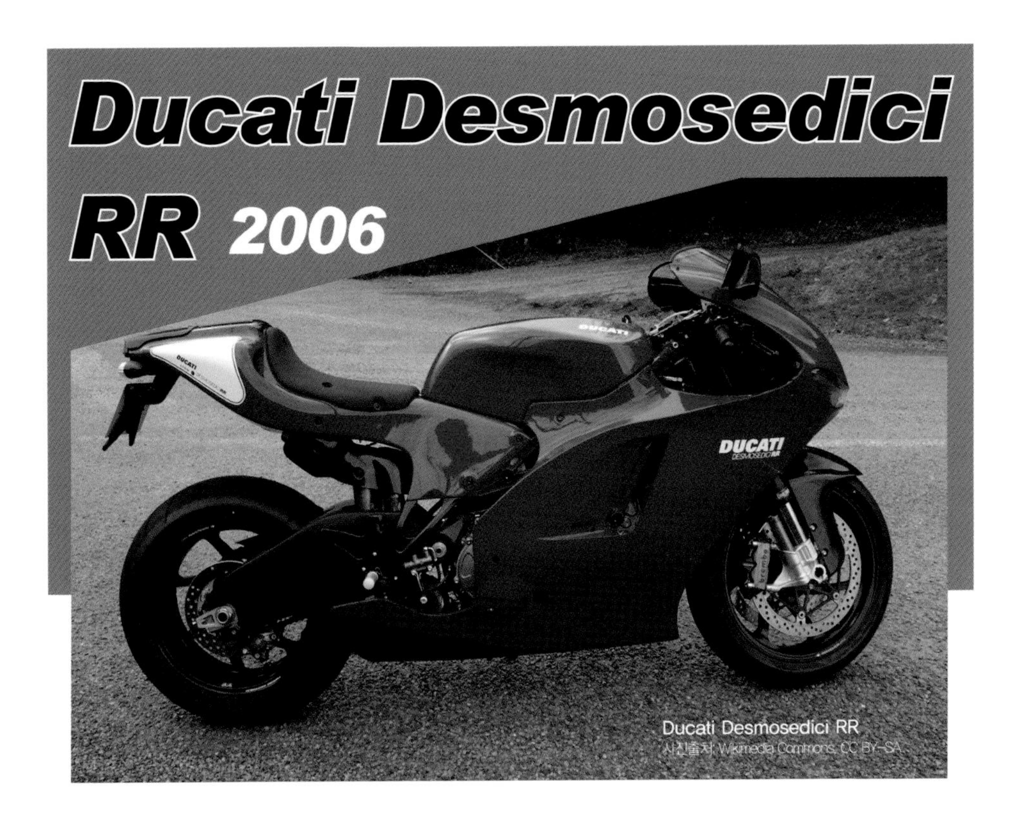

Ducati Desmosedici RR
사진출처: Wikimedia Commons, CC BY-SA

데스모세디치(Desmosedici)는 데스모드로믹(Desmodromic)+세디치(sedici, 16)의 합성어로 16개의 밸브(실린더당 4개)를 가진 데스모드로믹 엔진이라는 의미이다.

Moto GP에서 두카티의 L-twin 엔진은 4, 6기통 바이크에 비해 가볍고 차체 좌우 폭이 좁아 우수한 코너링 성능 등 장점이 있었으나, 작은 수의 기통은 높은 파워를 위해 필수적인 고회전을 만들어 내기 힘든 문제가 있다(같은 배기량일 때 기통수가 작을수록 행정이 길어지기 때문에 회전수를 올리는 데 한계가 있는 것이다. 피스톤 행정을 짧게, 보어를 크게 하면 이론적으로 고회전이 가

스펙 SPECIFICATION

엔진 | 4행정 L형 4기통, 수냉식
배기량 | 989cc
출력 | 197마력@13,800rpm
변속기 | 6단 페달
건조중량 | 171kg
최고속도 | 318km/h

능하긴 하나 불완전 연소의 문제가 생긴다).

따라서 두카티는 고회전을 위해 L-twin 엔진을 두 개 붙인 형태의 L4 엔진을 만들었다.

2003년 두카티는 이 L-four 실린더 엔진을 장착한 GP 머신으로 제조업체 순위 2위를 차지한다.

2006년 두카티는 이 GP 머신을 공도용으로 1,500대 한정 생산했는데 두카티가 여태껏 그랬던 것처럼 이탈리안 레이서 카피로시(Loris Capirossi)가 타던 레이싱 머신(GP6)과 거의 유사한 상태로 출시하였다.

티타늄 커넥팅로드와 밸브, 마그네슘 엔진 커버 등을 사용하여 엔진을 경량화하였고 브렘보 브레이크, 올린즈 서스펜션은 기본 사양으로 하였다. 알루미늄 합금으로 된 스윙암은 프레임이 아닌 엔진 블록에 바로 연결되어 있었다.

이 바이크의 유일한 단점은 비싼 가격(출시 당시 약 1억원)을 치르고 구입하더라도 모든 출력을 다 뽑아내기가 힘들다는 것이다.

▲ Loris Capirossi on GP6 machine
사진출처: Wikimedia Commons, CC BY-SA

두카티는 1964년에 이미 아폴로(Apollo)라는 V4 엔진 모터사이클을 제작한 바가 있다. 미국 경찰용 바이크로 납품할 목적으로 개발되었으나 아쉽게도 시제품 완성 후 이탈리아 정부에서 투자를 취소하는 바람에 양산까지는 하지 못하였다.

Aprilia RSV4 2009

RSV4 2011
사진출처: Wikimedia Commons, CC BY-SA

스펙 SPECIFICATION

엔진 | 4행정 V형 4기통, 수냉식
배기량 | 999cc
출력 | 200마력@12,500rpm
변속기 | 6단 페달
건조중량 | 179kg
최고속도 | 290km/h

2009년 WSBK(World Super Bike) 참가를 위해 피아지오(Piaggio) 그룹의 과감한 투자로 만들어진 RSV 4는 이탈리안 레이싱 기술이 여전히 건재하다는 것을 보여주었다.

아프렐리아 최초의 V4 엔진과 컴팩트한 디자인으로 인해 차체의 크기는 250cc급 정도 밖에 되지 않았으며 단조 휠, 경량 디스크, 마그네슘 엔진커버 등 경량화의 노력으로 인해 차체 무게는 179kg밖에 되지 않았다.

전자제어로 인해 3가지의 운전 모드를 선택할 수 있고 높이 조절이 가능한 앞뒤 서스펜션으로 인해 라이더가 원하는 세팅으로 공도와 트랙 모두 즐길 수 있게 하였다.

카세트 타입 기어박스는 엔진 분해 없이 기어 정비가 가능하다. 눈과 귀를 모두 즐겁게 하는 이탈리안 디자인과 V4 엔진의 독특한 엔진 사운드는 덤이다.

WSBK에서 3번 우승(2010년, 2012년, 2014년)하였다.

BMW S1000RR

2009

스펙 SPECIFICATION

엔진 | 4행정 DOHC 직렬 4기통, 수냉식
배기량 | 999cc
출력 | 193마력@13,000rpm
변속기 | 6단 페달
건조중량 | 183kg
최고속도 | 290km/h

아무리 BMW라고 하더라도 처음으로 만들어보는 리터급 슈퍼바이크였기 때문에 기대 반 우려 반이었다.

하지만 역시 BMW였다. 2009년 등장한 S1000RR은 일제 경쟁 모델들을 압도하는 190마력의 출력과 BMW다운 호화 전자 장비로 인해 슈퍼바이크계의 독보적인 존재가 되어버렸다. ABS, 4단계로 조절 가능한 TCS덕분에 초보자도 탈 수 있는 리터급 바이크라는 평가를 받았다.

2009년 SBK에 참가한 첫해 호주 서킷에서 가장 빠른 랩타임을 기록했고, 2012년 영국 도닝턴 파크 서킷에서 처음으로 1위를 차지하였다. 2015년형부터는 새로운 캠, 밸브로 인해 출력이 199마력으로 업그레이드되었다. 2018년 만섬 TT 경주에서 영국인 레이서 피터 힉맨(Peter Hickman)은 S1000RR을 타고 평균속도 218km/h로 달려 TT 경주 역사상 가장 빠른 랩타임 기록을 만들어냈다.

BMW S1000RR
사진출처: Wikimedia Commons, CC BY-SA

투어링 쉼터에 라이더들의 소확행!!

모터사이클 STORY

초 판 인 쇄 | 2021년 8월 6일
초 판 발 행 | 2021년 8월 17일

저 자 | 안경윤
발 행 인 | 김길현
발 행 처 | (주) 골든벨
등 록 | 제 1987 - 000018호

I S B N | 979-11-5806-533-1
가 격 | 18,000원

표지 및 디자인 | 조경미 · 김선아 · 남동우
제작 진행 | 최병석
오프 마케팅 | 우병춘 · 이대권 · 이강연
회계관리 | 최수희 · 김경아
교정 | 권여준
웹매니지먼트 | 안재명 · 김경희
공급관리 | 오민석 · 정복순 · 김봉식

(우)04316 서울특별시 용산구 원효로 245(원효로 1가 53-1) 골든벨 빌딩 5~6F
• TEL : 도서 주문 및 발송 02-713-4135 / 회계 경리 02-713-4137
내용 관련 문의 02-713-7452 / 해외 오퍼 및 광고 02-713-7453
• FAX : 02-718-5510 • http : //www.gbbook.co.kr • E-mail : 7134135@naver.com